DES CHEMINS DE FER.

UNE OPINION

SUR LEUR

ORGANISATION EN SERVICE PUBLIC,

PAR E. BLANC,

DE LA MAISON BLANC ET Cⁱᵉ.

> Pour se servir en toute sécurité des railways, il n'est pas nécessaire de les confisquer et de jeter la population, le travail, la production dans les abîmes inconnus du monopole général des transports. —*Page 42.*

PARIS,

CHEZ BOUQUILLARD, LIBRAIRE-PAPETIER,

226 RUE SAINT-MARTIN.

Mai 1844.

R

TABLEAU SYNOPTIQUE

DES

QUESTIONS EXAMINÉES.

TABLEAU SYNOPTIQUE DES QUESTIONS EXAMINÉES.

LES CHEMINS DE FER SOULEVENT TROIS PRINCIPALES QUESTIONS, SAVOIR...... DE

DISTRIBUTION dans le Pays, suivant l'un des systèmes dits :
- VERTÉBRÉ.
- RAYONNANT.
- MIXTE........question tranchée par la loi du 11 Juin 1842.

CONSTRUCTION

A LA CHARGE DE QUI?... DE
- TOUS, au moyen de l'impôt commun, parce que la chose est propriété publique.
- QUELQUES-UNS, en faisant peser la dépense sur l'usage, bien que la chose reste propriété publique.

PAR LES SOINS DE QUI?.. DE
- L'Administration publique.
- L'Industrie particulière.

SERVICE PUBLIC.—Système qui laisse l'industrie du transport dans le domaine public.

MISE EN ŒUVRE PAR

EXPLOITATION. Système qui institue l'Etat seul voiturier du pays, et se peut faire par

EXPLOITATION DIRECTE. Le Gouvernement exploite lui-même son usine. — Avantages. Inconvénients.

EXPLOITATION INDIRECTE. L'Etat aliène la jouissance de sa qualité de seul voiturier du pays, par voie de............

- FERMAGE. — Avantages. Inconvénients.
- CONCESSION. — Avantages et Inconvénients sous le triple rapport
  - POLITIQUE.
  - NATIONAL. — L'industrie spéciale du transport retirée du domaine public.
  - INDUSTRIEL, au double point de vue de — L'industrie commune — le pays livré à l'exploitation d'un voiturier obligé

DES CHEMINS DE FER.

UNE OPINION

SUR LEUR

ORGANISATION EN SERVICE PUBLIC,

PAR E. BLANC,

DE LA MAISON BLANC ET Cie.

PARIS,

CHEZ BOUQUILLARD, LIBRAIRE-PAPETIER,

226, RUE SAINT-MARTIN.

1844.

IMPRIMERIE DE J. SMITH, 14 BIS, RUE FONTAINE-AU-ROI.

DE L'EXPLOITATION

DES CHEMINS DE FER,

AU POINT DE VUE

DU DROIT ET DES INTÉRÊTS MATÉRIELS

DE LA SOCIÉTÉ.

Dans la vie matérielle d'un pays le transport est tout

La voie publique est la chose de tous.

AVANT-PROPOS.

LA condition dominante de la production est le transport des produits ;

Point de travail agricole ou manufacturier, industriel ou commercial, dans lequel la *façon* du transport n'entre, plusieurs fois, comme élément du prix de revient.

Jusqu'à ce jour, le TRANSPORT n'a *relevé* que des voies fluviales, des canaux et des routes ;

L'arbitrage de ses prix et délais, de sa régularité, appartenait aux CHOSES ;

Ce n'est que dans d'infimes proportions qu'il était donné aux PERSONNES de les modifier d'une manière durable.

Aujourd'hui, voici qu'aux voies fluviales, aux canaux et aux routes viennent se substituer LES CHEMINS DE FER ;

Ils viennent donc SE SAISIR DU TRANSPORT ;

L'arbitrage de ses conditions cesse d'appartenir *aux choses* et passe aux *personnes.*

Dans ce seul fait, gît toute une question sociale.

En effet :

Si les chemins de fer sont organisés au droit du besoin social, en SERVICE PUBLIC, leur influence sera bienfaisante, elle vivifiera le pays ;

Si, au contraire, cette organisation est faite au profit d'individualités, quelles qu'elles soient, si d'un *service public* on fait une *exploitation*, plus ou moins habilement combinée, qui mette dans les mains de *quelqu'un*, de qui que ce soit, LA CLEF DE LA VOIE PUBLIQUE, ... l'action des chemins de fer sera funeste ; elle pésera comme un fléau sur plusieurs générations.

Or, telle est la cause qui s'instruit en ce moment et sur laquell nos législateurs auront bientôt à prononcer.

Sentence redoutable, qui sera, pour ainsi dire, l'arrêt de vie ou l'arrêt de mort de tant de familles.

Dans cette grave situation , n'est-il pas du devoir de chacun de faire entendre aux débats la voix de sa conviction ; et chacun n'a-t-il pas en revanche le droit de compter que son opinion sera accueillie, abstraction faite de la forme dont il lui est donné de la revêtir ?

Je l'ai pensé, et quelque peu initié que je sois aux secrets du style, je me suis enhardi à présenter dans cet écrit les considérations que je regarde comme les seuls éléments vrais d'une décision.

Mis à même, par la pratique de l'industrie à laquelle je me consacre, d'apprécier l'immensité du role que joue le transport dans la grande machine des intérêts matériels de la société, j'ai été frappé de la portée désastreuse qu'aura inévitablement l'exploitation privée des railways.

J'espérais que les hautes raisons qui doivent faire repousser, à tout prix et partout, ce dangereux système, seraient bientôt saisies et developpées par nos publicistes. Malheureusement cet espoir a été déçu.

Peut-être ces raisons, sensibles aux esprits pratiques, le sont-elles moins à ceux qui se livrent aux travaux spéculatifs; peut-être a-t-on reculé devant la conclusion : *le rejet absolu de toute exploitation*, exploitation par l'état, exploitation par des compagnies, concessionaires ou fermières, exploitation par qui que ce soit. Peut-être enfin s'est-on exagéré les difficultés de la véritable organisation des chemins *en service public*. Quoiqu'il en soit, les adversaires de l'aliénation des railways ont complètement négligé ces considérations vitales, et se sont exclusivement appuyés sur des arguments de *l'ordre financier*.

Tout ce qu'ils ont écrit se résume ainsi:

Les *bénéfices* obtenus et à obtenir des chemins de fer sont *immenses*, ils ne sauraient varier que de *vingt-cinq* à *cinquante pour cent*.

Jeter cette riche proie aux compagnies concessionnaires, ne serait-ce pas *léser le trésor* et gaspiller la fortune publique ?

L'Etat ne doit pas *aliéner* ses lignes de fer, il doit les *garder*... ce sont des mines d'or; s'il n'est pas en mesure de les achever et de les exploiter, qu'il emprunte à trois pour cent, et qu'il afferme l'exploitation pour le temps le plus court possible. Il trouvera des compagnies fermières qui, par un fort loyer annuel, le couvriront de l'intérêt du capital employé à la pose des rails, et lui paieront deux, trois, et peut-être quatre pour cent du capital engagé dans l'achat des terrains, le terrassement et les travaux d'art.

De cette manière, non seulement il fait de suite une *belle opération*, mais encore il s'assure le retour très-prochain de cette source de richesse. . . .

Certes, les honorables publicistes qui ont écrit de semblables choses, étaient animés de la plus louable intention ; mais quelque talent qu'ils aient deployé dans cette lutte, je ne puis m'empêcher de dire qu'ils ont plus compromis la cause que si elle fût restée sans défense. Ils ont plus facilité et assuré, sans le vouloir, l'aliénation des chemins de fer, que ne l'eussent jamais pu tous les défenseurs réunis et prôneurs intéressés de ce déplorable système.

En traitant une grande question sociale, comme une simple question de profit plus ou moins considérable à concéder, retenir ou partager, ils en ont soumis le sort à un calcul d'intérêt qui malheureusement *au fonds* pourrait bien conclure contre eux, et d'ailleurs conclut toujours en faveur d'un EXPLOITANT.

En exagérant le profit au-delà de toute raison, ils ont rendu le jeu plus sûr aux habiles financiers, qui sont à la tête des compagnies soumissionnaires.

En propageant dans les masses une fausse croyance, ils ont poussé les esprits dans un sens diamétralement inverse à celui dans lequel il fallait les diriger.

En effet, n'est-il pas évident, sous le premier rapport, que si l'on fait abstraction du danger politique et social d'aliéner la voie publique, d'en former une chose privée, de soumettre les hommes et les choses d'un pays à *quelqu'un*, à *quelques individus*, et cela aux conditions plus ou moins restrictives d'un cahier de charges plus ou moins prévoyant, plus ou moins exécutoire ;

N'est-il pas évident, dis-je, qu'il est assez convenable de ne pas surcharger de soins nouveaux le gouvernement, qui déjà ne peut suffire à l'administration active des affaires courantes, et de le délivrer, d'un seul coup, de tout le réseau.

Sous le deuxième rapport, n'y a-t-il pas plus que de la témérité à faire ainsi le compte anticipé des bénéfices que *produira* l'exploitation des railways ? Peut-on vraiment faire à ces tableaux de bénéfices futurs et progressifs un autre honneur que celui de les placer dans le carton des *statistiques ?*

Pour ma part, j'avoue ne pas posséder un seul des éléments nécessaires pour évaluer avec quelque précision les produits futurs des chemins de fer ; mais je n'hésite pas à affirmer, que non seulement je n'y placerais pas, moi, ma fortune, mais qu'aucun des administrateurs, eux-mêmes, n'y placerait la sienne, à la *condition de ne liquider qu'au terme de l'exploitation.*

C'est qu'en réalité, il n'y a pas de comptes rendus, pas de rapports qui puissent être sérieusement acceptés comme éléments d'une appréciation de l'avenir ; et loin de moi, qu'on le remarque bien, d'attaquer, par ces mots, la sincérité des comptes rendus par les administrations qui exploitent les lignes de fer, tant en France qu'à l'étranger ; je ne veux pas même chercher à en affaiblir l'autorité, en rappelant que toutes les pièces de ce genre ont toujours, et doivent avoir, pour principal but, de régler, soutenir ou contenir le mouvement des titres sociaux, *le cours des actions ;* j'admets qu'ils soient complets, véritables, indiscrets même, mais je n'en dis pas moins, avec les hommes d'expérience, que ce n'est point sur de semblables bases qu'on statue.

Les chemins de fer participent de toutes les autres grandes entreprises où l'on commence par *immobiliser*, par *aliéner un immense capital*. En affaires de cette nature, il n'y a point de comptabilité qui se puisse dire *normale* d'une manière absolue. Le même exercice donnera ou ne donnera pas de bénéfices, ou présentera des bénéfices différents suivant que l'*amortissement du capital* sera calculé de telle ou telle manière ; suivant qu'on aura ou n'aura pas ouvert de *compte de premier établissement ;* suivant que les frais de constructions, réparations, entretien de matériel, seront classés dans tel ou tel autre compte ; suivant que sera fixée l'estimation arbitraire à laquelle *chaque exercice expirant sera tenu de livrer la voie et le matériel aux exercices à venir ;* suivant enfin que seront compris plusieurs autres points importants que chaque administration régle à sa guise.

Quelqu'immenses que soient les premiers bénéfices obtenus, je ne crains pas de compromettre ma prescience, en affirmant dès aujourd'hui, qu'en chemins de fer, comme dans le plus grand nombre des affaires *fondées sur l'aliénation préalable d'un grand capital*, LES DERNIERS DÉTENTEURS D'ACTIONS paieront LES BÉNÉFICES RÉALISÉS PAR LES PREMIERS.

Sous le troisième rapport, enfin, fut-il vrai que les chemins de fer dussent donner d'immenses produits, encore n'eût il pas fallu le proclamer si haut et si souvent. Plus on l'a prôné, plus on a signalé à l'état les bénéfices usuraires que se ménageaient les compagnies, plus on a semé dans le public la croyance au puits d'or, et plus on on a fait sortir les gens un seau à la main. De là, l'universelle affluence des capitaux sur toute ligne de fer, quelle qu'elle soit, Ligne du Nord,.... Ligne de Strasbourg, peu importe ; et une fois ce germe développé, était-il donc possible que la spéculation lui fit défaut, et le laissât se faner sur pied ? devant cet engouement général, était-il donc possible que ceux dont l'industrie est d'organiser de grandes affaires, *pour les transmettre par fraction d'intérêt aux petits capitaux libres*, ne se dissent pas : « Les chemins de fer sont « en faveur,.... faisons des chemins de fer, à de bonnes conditions « si nous pouvons les obtenir, à de douteuses et mêmes mauvaises « conditions plutôt que de les manquer, car on s'arrache les pro-

« messes de promesses d'actions ! »... Non, cela n'était pas possible.

Or, quelle sera la conséquence de cette dénonciation publique du brillant avenir des concessions ? Ne sera-ce pas celle-ci ?

L'une des deux parties nécessaires pour former le contrat, celle qui concède, *l'Etat*, se montrera peu facile, peu accommodante ; l'autre partie, le *soumissionnaire*, sera disposé à tout subir, et alors LE MARCHÉ D'ALIÉNATION SERA A PEU PRÈS INÉVITABLE.

Je le crains, et je le déplore. Ce n'était point là les armes dont il fallait faire usage pour sauver le pays du fléau qui le menace. Quelques respectables que soient les intérêts du trésor, ce n'était pas aux mesquines proportions d'un *calcul comparatif* des avantages plus ou moins imaginaires qu'offrent l'aliénation par *concession* et l'aliénation par *fermage*, qu'il fallait réduire ce grand débat ; c'était dans un tout autre ordre d'idées qu'il fallait fouiller.

C'était le droit D'ALIÉNER LA VOIE PUBLIQUE, le droit D'EXPLOITER et de TARIFER le TRANSPORT qu'il fallait attaquer en face, non le droit *légal* si facile à confondre avec le *pouvoir*,... mais le vrai droit, le droit *moral*, le droit *social*, qu'on n'a jamais foulé aux pieds avec une longue impunité. C'était le danger de confier à quelqu'un la CLEF de la voie publique, qu'il fallait proclamer.

Mais, si on a le droit *d'exploiter* ou *d'affermer* la voie publique, pourquoi donc s'en aviser si tard ?

Pourquoi donc ne pas exploiter et affermer les lignes *fluviales*, les lignes *pavées*, les lignes *macadamisées ?*

Mais cela eut été aussi facile, aussi légitime, et *aussi productif* que l'exploitation des lignes de fer ; il n'est pas le moins du monde besoin qu'une route soit *de fer* pour qu'on puisse la rendre une TRÈS-LUCRATIVE EXPLOITATION ! Mais en vérité, que n'afferme-t-on *l'air vital*, pour en *exploiter* la distribution ? Ce ne serait pas un acte plus ridicule et plus anti-social ! et l'opération serait encore bien plus *lucrative*, car on pourrait en élever la recette à volonté ; elle ne serait pas plus dangereuse, car on pourrait aussi joindre à la concession un *cahier de charges*..... et ceux qui n'auraient pas, *en temps utile*, reçu l'air dont ils vivent, auraient aussi la ressource d'attaquer le distributeur devant les tribunaux !

Au lieu de dresser le compte *anticipé* des *bénéfices* de L'EXPLOITANT, c'était le tableau *anticipé* des *misères* de L'EXPLOITÉ qu'il fallait exposer comme un enseignement.

C'était enfin le moyen d'organiser les chemins de fer, en ѕеrviсе рublic, au droit de *l'intérêt social*, qu'il fallait chercher et mettre en opposition avec le système des concessions.

Ou je me trompe fort, ou le développement de cette pensée eut rendue impossible toute nouvelle concession.

C'est pourquoi je viens faire appel aux hommes de cœur et de talent, dont la voix peut être entendue. Je viens les conjurer de reprendre la question sous le point de vue de l'intérêt public, et mettre à leur disposition tout ce que j'ai pu, dans ce but, réunir à la hâte de matériaux.

UNE QUESTION INCIDENTE.

Avant de me livrer à l'examen que je me propose , je crois nécessaire de m'expliquer sur une objection grave et malheureusement trop répandue.

Au point où en sont venues les choses, dit-on, qu'elles chances y a-t-il à ce que les saines idées se puissent faire jour?

Il y a des *intérêts engagés*, et fut-il possible d'opérer un changement dans les *convictions*, on n'en apporterait point dans les *décisions*. Il y a des *partis pris*.

D'ailleurs, le nombre des membres de la Chambre qui ont cru pouvoir organiser des compagnies concessionaires, ou s'y intéresser en qualité d'administrateurs et d'actionnaires, ne peut-il pas, ne doit-il pas influencer les décisions de la Chambre?

N'est-ce pas la loi de leur propre compagnie que beaucoup de députés vont discuter et voter?

N'est-ce pas leur cahier de charges qu'ils vont dresser?

Quelles chances y a-t-il donc à venir en signaler les inconvénients ?

J'avoue, qu'il serait à souhaiter que l'industrie menacée dans son existence ne dût pas craindre de trouver un seul adversaire intéressé dans les rangs de ses juges.

Mais cela importerait peu, si la discussion avait été portée par les hommes de la science sur son véritable terrain.

Non que la chambre de nos législateurs ait besoin qu'on lui enseigne les choses qu'elle est appelée à réglementer, mais encore faut-il, tout élevée qu'elle soit par l'illustration de ses membres, qu'on fasse contradictoirement valoir devant elle les bonnes et les faussès raisons de décider, pour qu'elle puisse prononcer.

Elle est comme un tribunal, qui non seulement doit distribuer la justice, mais qui doit encore *expédier* les affaires pendantes.

En est-il un qui ne fût exposé à commettre une erreur radicale, sur une cause mal plaidée on non plaidée.

Tout ce qui s'est écrit jusqu'à ce jour, n'a principalement porté, comme je l'ai dit, que sur l'avantage comparatif, *avantage pécuniaire* du fermage et de la concession.

Il n'est donc point surprenant que beaucoup de députés aient depuis longtemps fait un choix entre ces deux modes d'exploitation, qu'ils aient, par conséquent, ce qu'on appelle un *parti pris*.

Mais je le répète, si nos hommes de science, animés de mes convictions, et dont l'opinion a de l'autorité, avaient démontré et démontraient encore :

Que la CESSION du droit de tarifer le transport et de dominer l'industrie (qu'il s'exerce par voie de concession ou par voie de fermage, par qui que se soit, et avec quelque cahier de charges que ce soit), ruinerait des millions de travailleurs de tous ordres ; et qu'au contraire, l'organisation des Railways en SERVICE PUBLIC serait un bienfait social ; Je le répète, dis-je, ce ne serait pas seulement une insulte, que de redouter l'action de quelques membres intéressés sur la décision de la Chambre des Députés, mais ce serait encore une absurdité.

DES CHEMINS DE FER.

DES CHEMINS DE FER.

J'AI presque honte de faire une profession de foi avant de critiquer l'envahissement de nos voies publiques. Je le ferai cependant : j'ai besoin de ne pas prêter le flanc à une vieille arme déloyale, méprisée par tout le monde, et toujours en usage, et toujours meurtrière.

C'est un athée.... disaient dès l'abord, pour discréditer sa parole, des exploitants d'un autre genre, toutes les fois qu'un homme élevait la voix pour disputer nos libertés civiles et religieuses aux envahissements du clergé.

C'est un adversaire des chemins de fer.... s'empresseront de dire ceux qui se les veulent approprier, et auxquels je viens les disputer dans l'intérêt de mon pays, dans le mien, dans celui de tous les travailleurs.

Je proclame donc de suite, et très-haut, que j'ai, avec le monde entier, les yeux frappés de la splendeur des merveilles que promet aux hommes ce nouvel outil de travail.

Je le proclame, et c'est pour qu'on ne nous le dérobe pas, en vue de s'en réserver les fruits, et de nous *exploiter*, que j'élève la voix pour en discuter la véritable mise en œuvre. Je ne suis donc pas l'adversaire ridicule des chemins de fer, je suis l'adversaire de *l'exploitation privée* des voies publiques, qu'elles soient ou ne soient pas de fer.

CRÉATION DES CHEMINS DE FER.

Aussitôt qu'il fut reconnu qu'on ne devait pas laisser la France en arrière des autres nations de l'Europe, et qu'il fallait le plus promptement possible la doter de lignes de fer...., la création en dût être résolue.

Cette création soulevait trois principales questions, savoir :

La DISTRIBUTION des lignes,

Leur CONSTRUCTION,

Leur MISE EN OEUVRE (circulation); toutes choses fort distinctes, et dont la confusion conduit à l'erreur.

Bien que des faits accomplis aient déjà tranché l'une de ces questions, engagé l'autre sur plusieurs directions, et qu'enfin elles ne se soient pas produites ainsi, je me placerai dans cet ordre logique, pour procéder à l'examen que j'ai entrepris.

DISTRIBUTION DES LIGNES.

La question était grave et digne de l'étude la plus approfondie ; au point de vue commercial surtout, il y avait de hautes considérations à peser.

Elle a été traitée un peu trop exclusivement aux points de vue politique et financier.

Les uns prônaient une distribution économique, et qui a reçu le nom de sytème vertébré.

Les autres démontraient les avantages de faire rayonner sur Paris toutes les grandes lignes ; on a appelé cette distribution, système rayonnant.

D'autres enfin, parmi lesquels je me serais classé, trouvant le système vertébré insuffisant, le système rayonnant, *inutilement* dispendieux, demandaient une distribution mixte.

Quoi qu'il en soit, la loi du 11 juin, 1842, a prononcé...., ce serait chose oiseuse, que de s'appesantir sur les raisons de décider ce qui est décidé.

CONSTRUCTION DES CHEMINS.

La DISTRIBUTION des lignes arrêtée, venait immédiatement la seconde des trois questions capitales à vider pour créer les chemins de fer, et qui contient celles de savoir:

1° Comment fournir à la dépense énorme de cette grande création ;

2° Par qui faire exécuter les travaux.

1ère *Question*. — COMMENT FOURNIR A LA DÉPENSE ?

Le trésor public n'a pas d'épargnes...., et surtout du chiffre de DOUZE à QUINZE CENTS millions.

Le gouvernement ne pouvait pas puiser dans les coffres de l'Etat pour payer les travaux ; il avait donc besoin de se procurer les fonds qui lui étaient nécessaires, et qu'il n'avait pas.

A cet effet il avait à choisir entre deux moyens, opposés comme le sont entre eux le *légitime* et l'*illégitime*, et produisant cependant le même résultat, comme *acheter* et *prendre*.

Le premier moyen consistait à s'adresser au crédit, et à emprunter de l'argent par voie d'émissions de rentes, ou par voie d'*emprunt spécial*, hypothéqué plus particulièrement sur les chemins de fer eux-mêmes..., peu importe la combinaison ; mais toujours en demandant à l'impôt public, le service des intérêts et de l'amortissement du capital emprunté pour contruire UNE CHOSE PUBLIQUE.

Le deuxième moyen consistait à s'emparer du *transport* qui est dans le domaine public, et à *en faire argent*.... en le vendant à des capitalistes pour une somme qui couvrit plus ou moins complètement les frais de construction des chemins de fer. Ce moyen n'est autre que la concession du droit d'exploiter cette nouvelle voie publique...., à la charge 1º, de la construire ; 2º, de la livrer au gouvernement, toute construite, en bon état, à l'expiration de la concession.

Le premier moyen était logique, honnête, conforme aux principes éternels du droit, de la raison, et de l'intérêt de la société.

Il a été sacrifié au second et, je n'ose vraiment pas le dire...., cela s'est fait en quelque sorte sans qu'on y ait réfléchi. Car je ne peux pas faire l'honneur, d'avoir déterminé un choix entre deux actes aussi profondément dissemblables, aux misérables arguments qui ont été produits en faveur du système de la concession.

Confondant ces deux questions de construction, si distinctes l'une de l'autre, 1º, celle des voies et moyens de finance ; 2º, le choix du constructeur....; on disait : l'Etat ne doit pas se charger de la construction.... Il n'en finit pas lorsqu'il a de grands travaux à faire ; et puis il écraserait la rente, s'il en émettait pour un milliard.

Ce ne sont pas, ce ne peuvent pas être des raisons de cette force qui ont pu déterminer à faire main basse sur la plus vieille, la plus respectable, la plus vitale, de toutes les industries qui forment le domaine du travail.

Je dirai bientôt que c'est à tort qu'on rend l'Administration des Ponts et Chaussées responsables de la lenteur proverbiale des travaux publics ; mais le reproche fut-il vrai, mérité…, il n'était point nécessaire que l'Etat confisquât l'industrie du transport, *pour faire construire* les chemins de fer par l'*industrie particulière*. Il pouvait parfaitement emprunter de l'argent, et confier à prix débattu, *à forfait*, la construction effective des chemins, à des compagnies qui eussent ainsi entrepris des travaux de *cinquante et soixante millions*, et eussent fournis à l'Etat les railways achevés, moyennant paiement d'un prix déterminé, au lieu de les lui fournir moyennant le droit d'*exploiter* la population. Il n'est pas nécessaire de concéder à l'entrepreneur l'usage des travaux qu'il entreprend, pour que l'industrie particulière veuille bien s'en charger. Le gouvernement vient de faire exécuter pour quelque cent millions de travaux aux portes de Paris, y compris Vincennes…, et je ne pense pas qu'il y ait un des entrepreneurs qui, pour soumissionner, ait eu besoin qu'on lui concédât le droit d'exploiter les forts qui dominent la capitale.…, moins que les lignes de fer ne domineront l'industrie. Quant à la crainte d'écraser la rente, est-ce sérieusement qu'on a fait cette objection ? Cela n'est point probable.

En affaires publiques, comme en affaires privées, ce n'est jamais la somme à emprunter qui est difficile à trouver et peut nuire au crédit de l'emprunteur ; c'est *la condition* de l'emprunteur qui rend l'emprunt difficile, c'est le *but* de l'emprunt qui tue le crédit de celui qui y a recours.

Lorsqu'un emprunteur inspire la confiance, lorsque les capitalistes *connaissent et approuvent l'emploi* auquel les fonds sont destinés, est-ce qu'il ne s'en trouve pas à volonté ?

Or l'Etat de France n'a-t-il pas un crédit solide, bien qu'il parle trop souvent de rembourser sa rente, ce qu'à mon sens il aurait tort de faire ?

La création d'un réseau de chemins de fer ne motive-t-elle pas un emprunt ?

Comment donc a-t-on pu croire qu'il serait difficile à l'Etat de se procurer les fonds nécessaires à la construction de ses lignes ?

La confiscation du transport se trouve aujourd'hui consommée sur plusieurs importantes directions.

Deviendra-t-elle générale, et par conséquent sans retour, par la *concession* de toutes les autres lignes dont les projets de loi sont en ce moment soumis aux pouvoirs législatifs.

2ème *Question.* — PAR QUI FAIRE EXÉCUTER LES TRAVAUX ?

Cette question n'a pour ainsi dire plus d'intérêt aujourd'hui. La loi du 11 juin 1842 attribue au gouvernement la charge et le soin d'acquérir le sol, de terrasser, de faire les travaux d'art, enfin de fournir *la voie*. Il ne peut donc plus rester à l'industrie particulière, dans quelque combinaison qui s'adopte, que la pose des rails. Je ne crois pas qu'elle constitue un travail assez difficile et assez long pour qu'il soit bien nécessaire de chercher dans l'industrie privée un entrepreneur plus habile et plus expéditif que l'Administration des Ponts et Chaussées. Puisqu'elle est déjà chargée des tracés, des alignements, des travaux de tout genre, on peut sans risque lui confier la pose des rails.

Comme je l'ai dit, cette question n'a plus d'intérêt. Cependant, me trouvant amené à en parler, j'en profiterai pour peser la valeur de quelques objections qui se reproduisent toutes les fois qu'une grande création d'intérêt public est convoitée par l'esprit d'exploitation privée.

Il faut, disent les intéressés, occuper les bras de la population, les capitaux particuliers, et surtout expédier les travaux qui s'éternisent dans les mains de l'Administration des Ponts et Chaussées, dont encore les devis ne sont jamais exacts.

Ces raisons me paraissent mal fondées.

Est-ce que par hasard ce n'est pas *la population* qui fait les travaux commandés, suivis, et payés par l'administration ? Est-ce que ce sont les chefs de division ou de bureau qui travaillent manuellement ? Est-ce que ce ne sont pas exactement les mêmes *tâcherons*, les mêmes terrassiers, les mêmes maçons et autres corps de métiers qui travaillent à la solde des Ponts et Chaussées, comme ils le font à la solde de compagnies concessionnaires ?

C'est-à-dire, qu'il n'est pas sans exemple qu'une compagnie concessionnaire de chemin de fer ait recruté à l'étranger, en Angleterre, ses ouvriers qui sont venus sur le sol de France et à l'exclusion de nos ateliers et ouvriers français, effectuer les travaux dont on dit ne pas vouloir déshériter la population ; et je ne sache pas que jamais l'Administration des Ponts et Chaussées ait mis à l'œuvre une autre population que la population française.

Ensuite, a-t-on vraiment raison de s'en prendre à l'administration de la lenteur des travaux publics? Est-ce qu'elle ne relève pas avant tout de l'insuffisance des *allocations de fonds?* En dernier lieu convient-il bien à l'industrie particulière qui a construit les chemins de fer, existant présentement en France, de vanter *l'exactitude de ses devis* et de s'en targuer pour critiquer ceux de l'Administration des Ponts et Chaussées?

MISE EN OEUVRE. —CIRCULATION.

Enfin, suivant le système vertébré, ou le système rayonnant, ou tel autre système que ce soit; par les soins de l'Administration des Ponts et Chaussées, ou par les soins de l'industrie particulière;

Voici les chemins de fer distribués et construits.

Là se présenterait pour toutes les lignes, si on eut reservé la question d'emploi, si on ne l'eut engagée pour fournir à la construction de plusieurs d'entr'elles, et se présente pour les lignes qui restent encore disponibles, la grande QUESTION, celle qui domine la création elle-même de ces nouvelles voies, la QUESTION DE MISE EN OEUVRE.

Comment y procéder?

Deux choses diamétralement inverses, comme *un* et *tous*, comme *privé* et *public*, comme *bien* et *mal*, se peuvent faire et s'offrent en même temps.

Ces deux choses forment deux systèmes absolus, exclusifs l'un de l'autre, entre lesquels il faut choisir, et qu'il n'est donné à aucune combinaison humaine d'allier et de servir en même temps.

L'un, que je désignerai par le nom de système de l'EXPLOITATION, consiste à se saisir des lignes de fer comme d'une usine, d'une ferme, d'un moyen de rendement.

L'autre, que j'appelerai système du SERVICE PUBLIC, consiste à laisser les lignes de fer dans le domaine public des grandes routes, des voies fluviales, des communications ouvertes à tous, et à en organiser la circulation libre *dans la limite des exigences de la sécurité*, ou, en d'autres termes, sous la seule entrave des mesures de police.

Pour le bon ordre de l'examen auquel j'ai à me livrer il convient de décrire d'abord chacun de ces deux systèmes, et les *procédés* suivant lesquels ils se peuvent appliquer. L'appréciation que j'aurai à en faire y gagnera de la clarté et de la précision.

Le système de l'EXPLOITATION saisit l'Etat de la propriété des lignes de fer, en fait peser la dépense intégrale sur une *partie de la population* seulement (celle qui fait usage des chemins de fer), retire *l'industrie du transport* au domaine de l'industrie, et en livre l'exploitation exclusive à l'état, qui devient le *voiturier obligé* du pays.

Ce système présente deux procédés d'application :

1° Celui de *l'exploitation directe*, dans lequel le gouvernement fait lui-même le service, y affecte un personnel, transporte, perçoit le prix des transports, et fait, pour le compte du trésor public, des profits ou des pertes dans son métier de voiturier.

2° Celui de *l'exploitation indirecte*, dans lequel l'Etat, au lieu de confier au gouvernement l'exercice actif et passif de l'industrie qu'il a confisquée, l'afferme ou la concède pour un temps et un prix déterminés ; il exploite ainsi par voie de *fermage* ou de *concession*.

Dans le fermage l'Etat fournit à un tiers, à *un fermier*, le chemin achevé, il lui délègue le monopole des transports qu'il s'est attribué, moyennant un prix de ferme ou *loyer* avec lequel il sert l'intérêt de son capital engagé, l'amortit ; enfin, perd ou gagne suivant le taux du loyer.

En procédant à ce fermage l'Etat, comme *tuteur de la population*, détermine les clauses et conditions aux termes desquelles le fermier devra *exploiter ;* il dresse le *cahier des charges* du monopole.

Dans la concession, au lieu d'avancer le capital de création, et de percevoir un loyer annuel pour fournir à l'amortissement et au service des intérêts de ce capital, l'état ne fournit au fermier que le droit d'exploiter le monopole qu'il s'est attribué, et pour lequel il se fait *payer d'avance* le capital *nécessaire à la création du chemin*.

Si la concession est *complète*, il se fait payer *le capital intégral ;* il dit au fermier, voici le droit d'exproprier ; achetez les terrains, faites les terrassements et travaux d'art, fournissez les rails, et après tel temps de jouissance, vous me livrerez le chemin en parfait état d'entretien. C'est exactement comme s'il lui disait, donnez-moi soixante millions (s'il faut cette somme pour construire le chemin), je les emploirai à construire moi-même le railway, dont je vous céderai l'exploitation gratuite pendant tant d'années.

Si la concession est *incomplète*, l'Etat fournit jusqu'à concurrence de telle ou telle somme à la dépense de construction, et ne se fait payer d'avance par son fermier ou concessionnaire que *la portion du capital qui lui manque*. Ainsi il dit au fermier, voici la voie, fournissez les rails que vous me laisserez à l'expiration du bail que je vous concède; c'est comme s'il lui disait, donnez-moi vingt-millions (s'il faut vingt millions pour la pose des rails), j'acheverai le chemin, et je vous en remettrai l'exploitation gratuite pendant tant de temps.

Dans ce fermage, *à prix payé d'avance*, comme dans celui à *loyer annuel*, l'Etat règle les conditions dans lesquelles devra exploiter le fermier.

Ainsi, l'exploitation directe ou par les soins du gouvernement, l'exploitation indirecte par voie de fermage ou de concession : tels sont les moyens du SYSTÈME DE L'EXPLOITATION, qui dans l'un et l'autre cas confisque au profit de l'Etat *l'industrie du transport*.

Le système DU SERVICE PUBLIC, est celui où l'Etat, ne faisant pas de différence entre les voies de fer et les voies de terre ou d'eau, procède à l'égard des premières exactement comme il procède à l'égard des secondes, et par conséquent :

1º Emprunte les fonds nécessaires à la création des chemins de fer, dont il croit l'usage utile au pays;

2º Demande *à l'impôt* le service de l'amortissement (s'il juge à propos d'amortir) et celui des intérêts du capital engagé dans cette création ;

3º Livre les nouvelles voies à la circulation publique, sous la seule entrave des mesures de police qu'exige *la spécialité de cette circulation*.

Ainsi, quant à la *construction* des chemins de fer : dans le système DU SERVICE PUBLIC l'Etat opère comme il le fait toutes les fois qu'il ouvre une route, comme il l'a fait quand il a doté la Vendée de routes stratégiques, comme il opère quand il fournit au draguage, à la canalisation, à l'amélioration des voies fluviales.

Quant à l'usage des chemins de fer, dans ce même système, l'Etat ne déroge en aucune façon au droit commun; il n'en confisque pas plus l'exploitation que celle de toute autre voie publique.

Il organise seulement, comme tuteur de la population, la libre circulation qui comprend la concurrence du transport.

Les procédés suivant lesquels se peut appliquer le système du service public des chemins de fer, sont nombreux. J'en indiquerai quelques-uns, mais je me garderai bien de m'y trop arrêter. Je ne veux pas compromettre l'esprit, le principe du système, sur la valeur d'une combinaison individuelle; qu'on adopte ce principe, et lorsqu'on ne sera plus retenu que par le procedé d'application, il s'en présentera bientôt en assez grand nombre pour qu'on ait toute liberté de choisir.

Pour le moment, il me suffit de bien préciser les points distinctifs de ces deux systèmes de mise en œuvre des chemins de fer, et qui se résument ainsi :

Dans le système de L'EXPLOITATION :

1° La voie de fer reste propriété de TOUS, et la dépense de création est supportée par *quelques-uns*.

2° L'Etat s'institue le *voiturier obligé* du pays, à ses profits et pertes.

Dans le système du SERVICE PUBLIC :

1° La voie de fer est propriété publique, et le capital de création provient *de tous, de l'impôt*.

2° Le transport reste dans le domaine de l'industrie commune, et la population choisit librement son voiturier.

Examinons maintenant chacun de ces deux systèmes de mise en œuvre, et voyons, autant qu'il dépendra de moi de les rendre saillants, quels en peuvent être la valeur, la légitimité, les bons et les mauvais effets.

DU SYSTÈME DE L'EXPLOITATION DES CHEMINS DE FER.

La première question que soulève l'exploitation des voies de fer, est celle du *droit*.

Malheureusement je n'ai pas les connaissances nécessaires pour la discuter, comme elle mériterait de l'être.

Je dois donc, au nom du pays, en appeler aux hommes spéciaux, et me borner à présenter quelques raisonnements que me suggère le simple bon sens.

A moins que l'on ne pose en aphorisme que l'Etat prend tout ca qui lui convient et qu'il a la force matérielle de garder... je ne crois pas qu'on puisse adopter le système de l'exploitation sans s'étayer d'un droit quelconque.

Or quel est-il, je le demande ?

En vertu de quel droit l'Etat confisque-t-il l'industrie du transport sur les railways ?

Pourquoi ne confisque-t-il pas le transport par voies fluviales? Pourquoi ne raye-t-on pas de la carte de l'industrie commune *la marine marchande?* Pourquoi ne pas décréter qu'à l'avenir l'Etat sera le seul voiturier maritime du pays ? N'a-t-il pas déjà le matériel et le personnel nécessaires? Pourquoi ne se saisit-il pas du droit exclusif de voiturer par mer, comme il se saisit du monopole du transport par railways?

Serait-ce que l'un fût plus difficile que l'autre? plus productif? Evidemment non ; il est aussi facile, et il serait aussi lucratif, d'exploiter, par monopole, la voie extérieure, la voie maritime, que d'exploiter ainsi la voie intérieure, qu'elle soit ou ne soit pas de fer. Cela serait moins dangereux pour le pays.

Serait-ce que le public est saisi de la libre disposition des voies ordinaires, et qu'il serait imprudent de les lui vouloir retirer, tandis que la création des voies de fer apporte une occasion favorable pour faire, sans qu'on s'en aperçoive, main basse sur le transport, et pour s'instituer voiturier exclusif du pays, comme le pacha d'Egypte s'est institué le seul débitant des produits de son empire ? je ne croirai jamais cela ; ce serait un attentat contre la société, et ce n'est pas par voie d'escamotage que se gouverne un grand pays ; puis, ce serait une bien fausse combinaison. Le mal n'est invisible à la population que parce qu'elle n'en sent pas encore les effets ; mais quand elle les sentira profonds, insupportables, il faudra bien qu'elle réfléchisse, et qu'elle examine la valeur des titres en vertu desquels on la torture.

De quel droit ensuite frappe-t-on d'un impôt égal à une somme comptant d'un milliard, une portion de la population au profit de la communauté ? De quel droit fait-on payer la création des chemins de fer à L'USAGE des chemins de fer ?

Si cette mesure semble juste au premier aperçu, un instant de réflexion en fait bientôt reconnaître la profonde injustice.

Qu'on change alors les principes des contributions sociales. Qu'on déclare qu'il n'y a plus de charges communales, de charges publiques, qui se supportent par impôt communal, par impôt public. Qu'on déclare que ceux qui voudront user des choses quelles qu'elles soient, fourniront les capitaux de leur création, de leur entretien.

Faites supporter aux villes maritimes, ou au transport par mer, les frais de création et d'entretien de nos ports de mer. Faites payer, aux transports qui s'y effectuent, la création des nouvelles routes de l'Ouest, les travaux d'amélioration des rivières. Mettez à la charge des plaideurs le budget de la magistrature de France. Enfin, ouvrez des comptes spéciaux à chaque article du budget... et alors je trouverai naturel qu'on cherche dans L'USAGE des voies de fer les capitaux de création et les fonds d'entretien.

Je comprends bien qu'on veuille imposer le transport, mais dans la mesure *d'un impôt* et non dans la mesure des frais de construction, valant *un milliard comptant*, en l'imposant partout et non sur les voies de fer exclusivement. Je n'hésite donc pas à le dire et à le redire : on n'a pas plus le droit de confisquer le transport qu'on n'a le droit de faire payer les chemins de fer à ceux qui en useront directement.

Il n'y a qu'une raison qui pourrait, sinon justifier, du moins expliquer L'EXPLOITATION des railways , la raison de *nécessité!*...

Je ne sais pas si la nécessité a sa place dans la hiérarchie des droits, mais je confesse qu'en cette circonstance je la tiendrais pour le droit le plus légitime. Oui, je le reconnais hautement, s'il est nécessaire pour armer notre pays de ces voies magiques, d'en retenir l'exploitation, il faut le faire, on a raison; il ne faut s'arrêter devant aucune considération.

Mais s'il n'y a pas nécessité, s'il est possible de sillonner la France de railways sans en enlever l'exploitation au domaine de l'industrie commune, en prenant seulement quelques soins pour en organiser avec sécurité l'usage public, *le service public*, je le demanderai toujours : de quel droit l'Etat se saisit-il de l'exploitation des chemins de fer ?

AVANTAGES DU SYSTÈME DE L'EXPLOITATION.

Une fois le droit franchi, mis à l'écart (je ne dis pas établi, il ne l'est pas, il ne le sera jamais), enfin une fois le fait de l'exploitation résolu, légitime ou non, on se demande naturellement quels sont les grands avantages que peut donner à l'Etat la confiscation de la voie publique.

Je serai sincère sur ce point, comme j'ai l'intention de l'être sur tous ceux que j'examine.

Si notre organisation sociale était plus avancée, si le gouvernement du pays était arrivé à cette phase de haute et pacifique gestion qui en rendra providentielle l'action sur les affaires et les intérêts de la société — si le travail se trouvait édifié sur les vrais et salutaires principes dont la place est usurpée par les fausses maximes du *laissez faire* et *laissez passer* (1) ... si... si... si... Je l'avoue, rien ne me paraîtrait en même temps plus légitime et plus simple, pour faire affluer dans les coffres de l'Etat les sommes nécessaires à la gestion sociale, que de confier au gouvernement quelques grands monopoles productifs, parmi lesquels le transport figurerait à bon droit.

Mais placés, Dieu sait pour quel temps encore, dans les conditions où nous nous trouvons, avec une société sans forme arrêtée, sans autre principe que le doute, avec des pouvoirs publics dont le temps et les forces s'épuisent dans les luttes politiques, sous l'empire d'une législation dont l'esprit général met en honneur le laissez faire et laissez passer, et n'y déroge que pour entraver, empêcher, et jamais pour diriger, guider.... Je sens parfaitement quels pourront être et quels seront les inconvénients immenses du monopole que s'arroge l'Etat,..... quant aux avantages qu'il en doit retirer, c'est en toute bonne foi que je le dis, je ne les vois pas, même au point de vue du *rendement fiscal*. Le système de l'exploitation *détruira* plus de valeurs qu'il n'en *produira*.

DES INCONVÉNIENTS DE L'EXPLOITATION.

Ils sont nombreux, ils forment la véritable histoire de ce malheureux système.

Comme j'aurai à les décrire, dans l'examen spécial de chacun des

---

(1) Ces fatales maximes d'une fausse économie sociale, sont aux saines maximes de la vraie liberté commerciale, comme la licence est à la liberté politique. Elles pervertissent fatalement la société où elles règnent. Si elles développent les instincts de l'homme, ce sont les mauvais,... ceux de la ruse, du vol. Si elles poussent les arts et métiers à un perfectionnement..... c'est à celui de la fausse mesure, de la fausse qualité, de la sophistication.

procédés de l'exploitation, je dois, pour éviter d'inutiles répétitions, ne pas m'y arrêter ici.

PREMIER PROCÉDÉ DE L'EXPLOITATION.

EXPLOITATION DIRECTE. — EXPLOITATION PAR LE GOUVERNEMENT.

Je n'entreprendrai pas l'examen critique de ce procédé. Je le mentionne ici, pour ne pas sortir de l'ordre dans lequel j'ai classé mon travail, pour en faciliter l'intelligence.

Tout le monde sent que l'exploitation immédiate des chemins de fer par le gouvernement est une impossibilité. Le gouvernement lui-même refuserait de s'en charger. Il serait donc inutile de s'appesantir sur les inconvéniens de ce procédé. Dans un état de société mieux ordonné que le nôtre, l'appréciation de l'exploitation directe se peut résumer ainsi : inoffensive comme le gouvernement qui l'appliquerait, elle serait un bon et facile moyen d'impôt.

Dans notre état de société, aux mains de gouvernements livrés exclusivement à la politique militante, comme le sont les nôtres, ce procédé cumulerait les inconvénients *de la concession* (sous le rapport industriel), et le vice d'être promptement tranformé en arme de lutte politique. De même que les autres procédés de l'exploitation des chemins de fer, il dominerait l'industrie, et de plus qu'eux, il dominerait nos libertés.

SECOND PROCÉDÉ DE L'EXPLOITATION.

EXPLOITATION INDIRECTE. — FERMAGE. — CONCESSION.

C'est l'examen du *fermage*, par lequel je devrais commencer l'analyse du procédé que j'ai appelé exploitation indirecte. Toujours dans le but d'éviter des répétitions trop fréquentes déjà, je donnerai le pas à la concession.

DE L'EXPLOITATION PAR CONCESSION.

Pour faire mieux saisir les vices inhérents à ce mode d'exploitation, il est nécessaire de scruter un peu la vraie condition de L'EXPLOITANT.

De la capitale partiront cinq à six grandes lignes de fer, qui vont à peu près devenir les exclusives voies d'écoulement des voyageurs et des marchandises convergeant sur Paris comme destination ou comme point de transit, et partant de Paris pour irradier sur toutes les directions de la France.

Chacune de ces lignes fait l'objet d'une exploitation, et arme une compagnie distincte des attributs d'une concession.

Plusieurs de ces grandes lignes, pour ne pas dire toutes, formeront les têtes de lignes plus grandes encore, qui se composent elles-mêmes de tronçons plus ou moins longs, et dont chacun fait l'objet ou plutôt est l'apanage d'une compagnie distincte.

De là il suit : que nos grandes voies vont relever de quinze ou vingt corps ou compagnies, dont cinq ou six auront leur siége effectif à Paris, et dont chacun des autres aura le sien dans l'une de nos grandes villes de la direction qu'il exploite.

La société organique de ces compagnies est du nombre de celles que notre code qualifie de *sociétés anonymes.*

Dans la société anonyme, le nombre des administrateurs est indéterminé ; ils sont inconnus à la loi, et gèrent sans responsabilité ; ils sont désignés par les actionnaires, à la majorité des voix stipulée au contrat.

Les actions sont au porteur. La transmission s'en opère par la simple tradition du titre. Elles peuvent rester dans des mains françaises, passer aux mains étrangères, circuler dans le monde entier, et porter avec elle l'attribut et l'exercice actif des pouvoirs que leur confère le contrat social.

Il n'est pas utile de pousser plus loin l'examen de la condition légale des compagnies, qui vont, ainsi que je l'ai dit, se trouver détentrices de nos voies publiques, sous le frein, je m'empresse de le reconnaître, *d'un cahier de charges.*

J'ajouterai seulement, que le nombre des administrateurs qui légalement est indéterminé, en fait et en général, se trouve fixé à sept ou neuf par compagnie.

Quel est maintenant le bien que peuvent produire ces quinze ou vingt corps monopoleurs du transport ? Puis, quel est le mal qu'il est permis de prévoir, en présence de corps privés, dont la puissance ne se peut envisager, sans qu'on soit pris d'un certain vertige ? Voyons :

Le Bien.... je l'ai cherché, je n'ai pas su le trouver.

Est-ce l'avantage de s'affranchir d'une dépense énorme, de ne pas engager ses finances, de rester spectateur du jeu de cette exploitation inconnue, sans que le trésor public y puisse être compromis, qui a pu déterminer et qui pourrait déterminer encore l'Etat à créer ces redoutables compagnies?

Cet avantage serait vraiment bien faible pour compenser les risques de cette création; il eut été et il sera toujours si facile à l'Etat de se procurer des capitaux *pour un emploi semblable*, qu'il ne peut méconnaître que ce sera payer bien cher un si mince avantage.

Mais il n'y est pas même cet avantage, tout faible qu'il soit; il n'y a pas une de ces grandes lignes concédées, qui laisse l'Etat spectateur désintéressé au jeu des chances d'exploitation; il n'y en a pas une dont la mauvaise fortune laissât le trésor public indemne.

A l'une, l'Etat a garanti quatre pour cent; l'Etat ne peut pas gagner, cela est vrai,.... mais il peut perdre et perdre seul.

A l'autre, l'Etat a avancé des capitaux remboursables,... je ne sais de quelle manière, mais suivant une combinaison qui doit faire vivement souhaiter à l'Etat que l'emprunteur prospère. A celle-ci l'Etat a souscrit des actions pour compléter son capital.... à toutes, enfin, il a du *prêter* (bien qu'elles fussent compagnies *prêteuses*), ou son crédit, ou sa garantie, ou son argent.

A celles qui offrent de se charger des lignes qui restent à concéder,.... il ne prête rien,.... il se borne à *leur faire présent de la jouissance gratuite* des voies qu'il a construites lui-même, de ses déniers, et qui absorbent, je crois, les trois-cinquièmes de la valeur totale du chemin.

Non, ce n'est pas un avantage de finances qui a pu déterminer l'Etat. Quel est donc cet avantage? où est-il?

Il n'est nulle part — il n'existe pas — jamais, quand on y réfléchira de sang froid, on ne trouvera, non une raison, un motif avouable, mais une simple excuse à produire en faveur de la création de ces grandes et anormales existences.

Par contre, les dangers que l'on doit redouter sont nombreux et effrayants. Je n'entreprendrai certainement pas de les décrire.

Il faudrait en quelque sorte posséder la prescience divine pour entrevoir dans toute sa portée le mal qu'il sera donné à ces colossales individualités, armées des voies publiques, d'opérer pendant trente, quarante, soixante et quatre-vingt-dix-neuf ans, durée de leur vie légale, si tant est qu'elles doivent finir par la mort sénile.

Je me bornerai à signaler à nos hommes d'Etat deux points, sous le rapport desquels la question mérite d'être mûrie, et qui ne sont pas de mon ressort; puis je m'efforcerai d'en développer un troisième, qui rentre tout-à-fait dans ma sphère.

Sous le rapport politique ... a-t-on suffisamment prévu les conséquences de la concession des railways ? Je le souhaite, cependant je dirai que si le gouvernement de la France relevait de moi chétif. Personne — aucune consideration humaine.... n'eussent pu m'arracher l'autorisation de placer au sein de la capitale, ou d'échelonner sur nos grandes lignes de communication, vingt corps riches, puissants, fermiers et détenteurs des voies publiques, dont la composition me serait étrangère, dont la nationalité même relèverait de porteurs d'actions, et dont je ne pourrais refréner l'influence, les actes, que par la violence, ou, aux termes d'un cahier de charges, par la voie regulière des tribunaux.

Mais puisque nos gouvernants ne s'en inquiétent pas, mes appréhensions doivent être puériles; ils en savent assurément plus long que moi sur ce sujet. Cependant j'ai ouï dire que le gouvernement n'avait jamais voulu autoriser la formation d'une compagnie d'assurances mutuelles qui embrassât Paris et les departements. Il trouvait, disait-on, des inconvénients à laisser se former une aussi forte individualité; et il n'y en aurait point à craindre de la part de ces autres individualités bien plus puissantes, bien plus redoutables? En toute humilité, j'ai peur que ce soient nos gouvernants qui se trompent, et l'élection de Louviers plaiderait déjà pour moi.

Sous le rapport national je me hâte de le dire de rechef, ces questions ne sont pas de mon ressort. Ce n'est pas à moi qu'il appartient de faire respecter les frontières géographiques et commerciales du pays. C'est à nos hommes d'Etat qu'en revient le glorieux soin, or, puisqu'ils sont en quiétude, il n'y pas de danger.

Cependant, quand je vois l'administration de la ligne de Rouen *anglo-française*,.... l'administration de la ligne du Hâvre *anglo-française*,.... celles des futures compagnies presque toutes *anglo-françaises*,.... je me sens malgré moi l'esprit frappé d'une bien ridicule terreur, que je ne sais vraiment comment exprimer.

Si les Anglais, me dis-je, rêvaient jamais la domination de la France, ce qui n'est pas probable, attendu leur modération et leur religieux respect des nationalités, ce ne serait certainement pas par voie militaire qu'ils viendraient l'entreprendre. La France devient folle quand elle entend bruire un sabre, et il n'est pas prudent de s'approcher des fous. Ce ne serait jamais que par voie de traités de commerce, par voie d'affaires, par *absorption commerciale*, à la manière du Portugal,... à la manière, il s'en est peu fallu, de l'Espagne, qu'ils le tenteraient; or, me dis-je, se pourrait-il imaginer quelque chose qui préparât mieux, qui put mieux favoriser, dans un avenir lointain, des projets de ce genre, que le dépôt imprudent, dans des mains anglo-françaises, et bientôt *si les actionnaires le veulent* (il y a tant d'actionnaires anglais !) dans des mains tout-à-fait anglaises, de nos nouvelles grandes communications.

Si l'investigation commerciale, à laquelle les navires auglais soumettent notre marine marchande, a fait élever la voix contre les dangers du droit de visite, qu'est-ce qu'on dira donc de cet autre droit de visite, qui s'exercera tous les jours et à tous les instants, non plus sur un navire, mais sur toute l'étendue de nos grandes routes ? Nos rivaux n'auront certes pas besoin de prendre de grands renseignements, pour connaître le mouvement de nos expéditions d'importation et d'exportation, et pour dresser la statistique de la production et de la consommation françaises !

Sous le rapport industriel. Ce n'est plus du nom d'inconvénients qu'il faut couvrir l'action malheureuse, malfaisante, qu'aura nécessairement sur l'industrie du pays le déplorable système de l'exploitation des chemins de fer, surtout par le procédé plus déplorable encore de *la concession.*

Le ravage portera sur deux rangs :

1° Sur la population qui vit de l'industrie spéciale du transport, et qui s'en trouve dépossédée violemment sur tous points ;

2° Sur la population dont les *produits* sont soumis au transport et en relèvent, qui vit aujourd'hui, industriellement, sous la sauvegarde de la concurrence, et qu'on livre en coupe réglée à un voiturier obligé.

1° DÉPOSSESSION DE L'INDUSTRIE DU TRANSPORT.

Ai-je besoin de le dire, cette branche d'intérêts est à tous les titres aussi respectable que quelqu'autre branche que ce soit de l'arbre des intérêts sociaux.

La population qu'elle fait vivre, est aussi digne de la sollicitude de l'Etat que quelqu'autre classe de citoyens à laquelle on veuille la comparer.

Par leur nombre, par l'ancienneté de leur possession, par l'immensité du concours qu'ils ont dans tous les temps donné au développement de l'industrie générale, les entrepreneurs de transport ont acquis le droit d'inscrire leur existence sur la liste de celles que l'on ne brise pas sans égard.

Et cependant, j'ai honte de le dire, cet intérêt public, auquel ils ont tant de droits, non-seulement on ne le leur accorde pas, mais encore on trouve étrange leur prétention à l'inspirer.

Un journal de chemins de fer appelait, il y a peu de temps, *déclamations*, les plaintes des voituriers par terre et par eau de la ligne de Rouen, qui dénonçaient des variations de tarif, opérées en dehors des formalités prescrites par le cahier des charges. Les voituriers *se coalisaient*, disait-il, pour *résister* au chemin de fer et retenir les transports qui lui *appartiennent* ; il les engageait à réfléchir à la loi sur *la coalition*, et à ne pas se révolter contre *le progrès*.

Tout cela est écrit, mon Dieu ! dans l'esprit, si non dans les termes que je rapporte ; cela est publié, et peut-être approuvé par ceux qui le lisent.

Mais dans quel ordre moral entrons-nous donc ? Comment, des chefs de famille, des citoyens laborieux, honorables, qui se sont de père en fils consacrés à l'exploitation séculaire du transport ; dont le crédit, l'honneur, sont engagés dans un courant d'affaires ; dont la fortune se compose d'un immense matériel d'exploitation et d'immatérielles valeurs de relations, de correspondances, de services, d'achalandage, enfin *d'un établissement industriel* ;

Comment ces chefs de famille verront, un beau jour, un simple particulier saisi *du droit d'exproprier*, soutenu par *le crédit, la garantie*, ou *les deniers* de l'Etat, venir s'emparer de *leur industrie*, du *transport*, parce qu'on lui en a vendu le monopole !... et cela se fera tranquillement, à la clarté du jour, comme la chose du monde la plus simple! cette dépossession se fera sans tempérament, sans indemnité; et si les gens qu'on dépouille se plaignent, on appelera leurs plaintes *déclamations*! s'ils se concertent pour disputer leur existence commerciale, leur honneur, le pain de leur famille, on appelera leur concert *coalition*, et on les traduirait devant les tribunaux, s'il n'était plus court de les égorger à coup *d'abaissement provisoire de tarif!* et quand enfin on les aura ruinés, anéantis, ils auront *succombé dans une folle lutte contre le progrès!*

Mais où donc placez-vous le progrès dans cette affaire?

C'est le chemin de fer qui est l'œuvre du progrès, ce n'est pas le système de l'exploitation!

C'est dans L'OUTIL que brille la plus merveilleuse des créations du progrès,.... ce n'est pas dans *la concession* qui vous en est faite!

En vertu de quel droit la société, personnifiée dans l'Etat, vous concéde-t-elle le pouvoir de construire et *d'exploiter* sa grande route?

Si la société veut que sa grande route devienne un *railway*, qu'elle le fasse!

Si elle n'a pas les fonds nécessaires.... qu'elle les emprunte!

Si, par sa nature spéciale, un railway exige des mesures spéciales à l'effet de régler la circulation,.... qu'elle les décrète!

Et la classe des membres de la société qui exerce l'industrie du transport par les anciennes voies, l'exercera par railways, en se soumettant aux mesures d'ordre et de sécurité prescrites. Au moins n'aura-t-elle à déplorer, dans cette transformation, que la perte de son matériel!

Si la société, après avoir reconnu (ce qu'elle ne s'est pas donné la peine de mettre en question) l'impossibilité de respecter le champ du transport, a besoin de s'en emparer, qu'elle en fasse l'expropriation, je le comprends. Mais qu'elle vienne purement et simplement faire main basse sur l'industrie et la fortune d'une portion notable de ses membres, parce qu'elle en a besoin, cela est monstrueux!

Certes, s'il existait un tribunal, devant lequel on pût traduire les sociétés humaines, un acte semblable ne pourrait pas plus se consommer, ou rester impuni, qu'il ne serait permis par nos tribunaux, à une société privée de s'emparer de la propriété de l'un des sociétaires, parce qu'elle sent le besoin de cette propriété.

La dépossession générale des entrepreneurs de transport, la confiscation de l'industrie entière, qu'on l'avoue ou ne l'avoue pas, qu'on le sente ou ne le sente pas, n'a pas deux noms,.... c'est une spoliation !

Cette spoliation résultera nécessairement de la mise en œuvre des railways, au moyen du système DE L'EXPLOITATION, qu'il soit appliqué par le gouvernement, par concession, ou par fermage.

Mais l'intensité du mal variera naturellement suivant les procédés d'application, et c'est celui de *la concession* que nous avons en ce moment à scruter.

Dans les mains d'une *compagnie concessionnaire*, le monopole ne limitera pas la dépossession du transport aux bornes *légales* de sa ligne d'exploitation ; ce ne sont pas seulement les entrepreneurs qui desservaient, par terre ou par eau, *cette direction*, qui seront abattus et ruinés. *En fait*, la dépossession s'étendra sur les directions collatérales, et sur *tous les tenants et aboutissants* du railway.

Et cette dépossession est facile à opérer, sans sortir des clauses et conditions du cahier des charges ; plus facile encore, en ne se préoccupant seulement pas du cahier des charges. Ce que je dis n'est point une exagération.... c'est une *vérité absolue*.

Pour n'en pas douter, qu'on veuille bien réfléchir un instant, 1° à la condition respective des parties ; 2° à la difficulté d'établir la preuve d'un grief de ce genre ; 3° aux temps, aux soins, aux frais qu'absorbe une instance judiciaire ; 4° enfin, à la disproportion certaine, que laisserait toujours la justice, entre les dommages intérêts qu'elle accorderait, et un préjudice immatériel qu'on ne peut rendre sensible, bien qu'il ruine.

Les faits se presseraient en foule, si je voulais en citer.

Mais, répond-on, demandez des clauses protectrices, car nous voulons que le cahier des charges soit un frein, et nous ne voulons pas que les compagnies abusent du monopole qu'on leur confère.

Vous ne voulez pas que les compagnies *abusent* du monopole du transport ? Et vous le créez !

Peut-on donc refréner par un cahier de charges LE MONOPOLE DU TRANSPORT ?

Cela fut-il possible, qui donc peut espérer en trouver la formule ?

Où prendre la règle de L'INCONNU ? où poser la limite de L'USAGE et de L'ABUS du monopole du transport ?

En supposant qu'un contrat soit possible, qu'on puisse le rendre presque parfait.... En définitive, qui lie-t-il? personne.

Il oblige une compagnie,.... une abstraction, un mot. La société étant anonyme, ses administrateurs ne sont point tenus des interdictions qui auront été insérées au cahier des charges. Ils restent dans le droit commun, et libres d'entreprendre ensemble ou privativement tout ce que bon leur semble.

Or, quelle différence y a-t-il, entre laisser à une société le droit d'entreprendre l'exploitation des tenants et aboutissants d'un railway, et le lui interdire, sans que l'interdiction pèse sur les administrateurs? Il n'y en a point.

J'aurais compris que l'on fondât à cet égard quelques espérances sur la société en nom collectif (1), et qu'on la prescrivit; là, au moins, les obligations imposées à la compagnie fussent devenues personnelles aux administrateurs.

Par toutes ces raisons :

La concession d'un railway fait passer dans les mains du concessionnaire, 1º le monopole direct de la ligne; 2º le monopole indirect des tenants et aboutissants de la ligne —

Et cela, qu'on le veuille ou ne le veuille pas, qu'on le voie ou ne le voie pas, et quelque soit le cahier des charges.

La conséquence qui en découle est celle-ci :

La répartition de tous les railways, entre des compagnies semblables, équivaut à la confiscation générale des transports, et à la dépossession des entrepreneurs qui vivent de cette industrie.

C'est la ruine effective, plus ou moins prompte, d'un nombre considérable de familles, et la destruction de plusieurs millions de valeurs matérielles.

2º INFLUENCE DU MONOPOLE SUR L'INDUSTRIE GÉNÉRALE DONT LES PRODUITS SONT SOUMIS AU TRANSPORT.

L'intérêt dont je vais m'occuper prime tous les autres; il suffit de le désigner, pour en faire sentir l'importance,.... c'est celui de la production.

---

(1) Puisqu'on cherche en Angleterre les enseignements, que n'y prend-on les bons? Est-ce que les compagnies de chemin de fer sont anonymes? Non. Les administrateurs sont connus, et obligés personnellement pour la durée de la Société.

Or, c'est incontestablement le plus compromis de tous ceux que menace le système de l'exploitation des railways, surtout par le procédé de la concession.

Le transport entre pour une proportion considérable dans la formation du prix de revient; à ce titre, il domine déjà la production. En effet, pas de production continue sans écoulement de produits, sans *débouché*. Pas de débouché si l'on ne peut aborder *le marché*, y concourir avec les produits similaires qui s'y trouvent,.... enfin, vendre *au cours*. Ce qui implique la nécessité d'avoir des prix de revient approximativement semblables à ceux des producteurs dont on subit la concurrence.

De ce premier chef on doit dire, que, lorsqu'on touche au transport, on touche à tout; si on l'influence, soit en bien soit en mal, on influence, soit en bien soit en mal, la production générale.

Une seconde considération, peut-être plus importante, est celle-ci: théoriquement, la production générale est la somme des productions individuelles, et dans le gouvernement des sociétés, c'est le résultat général dont on se préoccupe, et devant lequel s'effacent les positions privées. En fait, les productions ne restent pas individuelles, jusqu'au point où la science les totalise pour former celles du pays. Elles se sont groupées dans de certaines circonscriptions géographiques, et forment là une grosse individualité productrice, une localité, la production locale.

A cet état, ce n'est plus l'individu qu'on rencontre, c'est une petite contrée, une population, dont les besoins et les intérêts ne se peuvent plus méconnaître, même dans les mesures d'utilité nationale.

Mais tout ce que j'ai dit du simple producteur s'applique à LA LO-CALITÉ. Chacune d'elles a une ou plusieurs industries dominantes, qui en caractérisent la production, autour de laquelle gravitent toutes les autres petites industries secondaires.

Nos localités sont en concurrence les unes avec les autres. Bien que parties intégrantes de la même nation, elles ont des intérêts contraires. Elles sont (au point de vue de l'industrie) (1) les unes par rapport aux autres sur les marchés intérieurs, comme les na-

---

(1) Je me sers ici du mot industrie dans son acception la plus large. Je veux désigner le travail matériel sous toutes ses formes, qu'il soit agricole, manufacturier, plus spécialement dit industriel, ou enfin commercial. Je me permettrai de signaler une erreur excessivement grave dans laquelle on tombe généralement, et que j'ai

tions sont entr'elles sur les marchés étrangers ; car les unes et les autres cessent de produire, cessent de prospérer, dès que se ferme le débouché de leurs produits.

Or, le transport domine, à plusieurs titres, l'abord des marchés ; il est donc l'arbitre souverain du maintien ou du bouleversement des productions locales.

Jusqu'à présent, le transport, vu de haut, était déterminé par les routes, les rivières, les canaux, ouverts à tous ; il relevait des choses ; il était donné aux personnes de le faire temporairement varier, il était hors de leur pouvoir de le dominer.

Les railways concédés à des exploitants, l'arbitrage du transport cesse de relever des choses, et devient l'apanage des personnes.

Avec la faculté de mouvoir le tarif, d'enchérir ou d'avilir le transport, d'expédier plus ou moins vite, d'accepter ou de refuser les conditions ordinaires des expéditions... L'EXPLOITANT d'une voie de fer, quel qu'il soit, qu'il en ait ou qu'il n'en ait pas conscience, devient l'arbitre de la production , de l'existence de plusieurs localités ; d'une part, celles qu'il dessert, d'autre part, celles dont les produits similaires alimentent les mêmes marchés que les premières.

Maintenant, mettons en jeu plus spécialement l'exploitation par concession, et dans l'abus et dans le simple usage de sa position. D'abord l'abus, je n'ai vraiment pas besoin de développer de nouveau ce point. Je redirais que la compagnie anonyme est une abstraction, qu'elle opère par un conseil, que les membres de ce conseil, les administrateurs, restent dans le droit commun, et que si la compagnie est tenue ou contenue par un cahier de charges, les administrateurs ne le sont

---

vu commettre même aux personnes éminentes, qui ont bien voulu s'entretenir avec moi des chemins de fer.

On concentre sur le commerce toute sa sollicitude. Quand on s'occupe du transport des marchandises, on répond, pour ainsi dire, à chaque objection : Le commerce en profite.... On ne réfléchit pas que le commerce qui profite ne forme qu'une fraction excessivement réduite des travailleurs.

Le commerce n'est que l'industrie des échanges, et c'est la branche de travail qui a le moins d'intérêts engagés dans la question des chemins de fer.

Il achète à l'un et vend à l'autre ; c'est lui qui tient le marché, et pourvu que les produits viennent, il lui importe assez peu que ce soit l'un ou l'autre qui les y amène. Il vend, en général, en raison de son prix d'achat. Les fers de Champagne seraient chassés du marché de Paris par les fers du Berry, que le commerce des fers n'en irait ni mieux ni plus mal ; il s'approvisionnerait dans le Berry, comme il s'approvisionnait dans la Champagne, qui seule se trouverait atteinte dans sa production. C'est donc au travail général, et surtout à la production, qu'il faut penser quand on étudie le transport.

pas ; qu'ils peuvent être industriels, producteurs, avoir intérêt à faire agir la compagnie comme elle agirait, si elle était, elle, industrielle et productrice ; et que, par conséquent, le cahier des charges n'empêchera pas les mille et un moyens de favoriser une usine au préjudice des usines de la même localité, ou d'aider à celles-ci pour abattre celles d'une autre localité.

Par l'abus, s'ils le veulent, les administrateurs d'un railway domineront soit en bien, soit en mal, quand ils voudront et comme ils voudront, la production des tenants et aboutissants de leur ligne, et influenceront ceux de plusieurs autres lignes.

Maintenant, sans supposer l'abus, quels inconvénients n'offre pas au même point de vue l'exploitation par concession ?

Non seulement les railways vont être divisés, et former l'apanage d'autant de compagnies, mais les *lignes* elles-mêmes vont être fractionnées. Elles vont se composer de tronçons, dont chacun sera l'attribut d'une compagnie distincte. Pour aller de Paris à Marseille, de Paris à Bordeaux, les marchandises auront à franchir plusieurs territoires, comme cela se faisait pour le transit par l'Allemagne, avant l'union des douanes.

Autant de compagnies tenant une ligne, autant d'administrations. Elles peuvent être également intelligentes, prospères, actives, régulières, bienveillantes. Elles peuvent aussi offrir à cet égard d'énormes dissemblances.

Les unes peuvent avoir le système des tarifs réduits, viser aux quantités, tout prendre presque à perte. Les autres préférer le tarif modéré, approprié aux besoins des choses, et ne pas guerroyer contre les autres lignes pour *détourner* l'aliment naturel de leur direction.

Les unes peuvent *déclasser*, les autres rester dans la classification du cahier des charges.

Les unes, activer le mouvement des convois, établir des départs fréquents, soit par système, soit par abondance de voyageurs ; les autres, s'occuper moins des besoins du public, et régler leurs départs au mieux de leur recette exclusivement, accumuler à leur barrière d'entrée les voyageurs, jusqu'à formation *d'un poids utile déterminé*.......

Enfin mille choses peuvent être entendues de la même manière ou d'une manière toute opposée. Et qu'on ne fonde pas l'espoir d'une entente cordiale sur l'intérêt que les parties y trouveront ;

suivant moi, il y aura de l'harmonie entre les compagnies éloignées les unes des autres, et qui ne seront pas en rapport d'affaires, mais il n'y aura que discussions, jalousies, mauvais vouloir, et souvent haine entre les compagnies qui seront en rapport continuel pour le service d'une même ligne.

Or, qu'on veuille bien se donner un peu la peine de réfléchir à la position des producteurs, des travailleurs dispersés et fixés immobilièrement sur ces divers territoires. Les uns vivant sous la domination d'un bon prince, les autres sur les terres et à la gouverne d'un mauvais prince. Je demande au simple bon sens s'il est possible de combiner quelque chose de plus malheureux. Pour moi, je ne le crois pas, et c'est en toute conscience que je le déclare, le procédé d'exploitation par la concession est le plus dangereux, le plus injuste, et le plus stérilisant des trois.

PROCÉDÉ D'EXPLOITATION PAR FERMAGE.

Il participe de presque tous les défauts du procédé de la concession.

Comme lui, il s'organise par société anonyme ; il met aussi l'action sociale dans les mains d'administrateurs irresponsables, et qui restent dans le droit commun.

Comme lui il absorbe l'industrie des transports, tant sur la ligne qu'il monopolise que sur ses tenants et aboutissants. Comme lui il pésera sur la production des localités ; pas plus que lui il ne sera refréné pas un cahier de charges. Il n'y a qu'une chose à dire en sa faveur, la maladie sera moins longue ; elle n'ira peut-être pas jusqu'à l'épuisement du corps social.

Cependant, comme je ne cherche point à faire prévaloir une combinaison pour en détrôner purement et simplement une autre, et que j'honorerais même la concession, si elle pouvait devenir un instrument de bien, je dirai franchement que le procedé de fermage est le seul qui pourrait être utilisé en le combinant bien.

J'admets, en effet, que le système de l'exploitation (fausse mise en œuvre des railways) soit résolu envers et contre tout; je dis qu'il ne me semble pas impossible d'organiser *le fermage* de manière à ce qu'il soit presqu'inoffensif.

Je donnerai, par APPENCICE à la fin de cet écrit, quelques-unes des principales bases sur lesquelles je crois le *fermage* édifiable pour n'en pas faire un procédé *d'exploitation*, mais un moyen *de service public*.

J'y trouverai l'occasion d'examiner une combinaison, admissible même sous le régime de la concession, et qui pourrait tempérer un peu le monopole du transport.... je veux parler de LA LOCATION A FORFAIT DE WAGONS ET PLATE-FORMES.

Cette combinaison, précieuse avant tout aux expéditeurs, au public, utile ensuite aux compagnies d'exploitation elles-mêmes, se pourrait-elle bien repousser justement et seulement parce qu'elle est aussi dans l'intérêt de ceux qui la demandent?

Ce serait en même temps malheureux et affligeant.

SYSTEME DU SERVICE PUBLIC

DES CHEMINS DE FER.

Il est bien évident que pour juger ce que je vais dire, il faut se placer au point de vue où je me place moi-même, celui de l'appropriation des railways aux besoins généraux du pays.

J'entends discuter une question d'utilité publique, et ne m'adresse naturellement qu'à ceux qui élaborent comme telle l'organisation des chemins de fer.

Chacun le comprend : ce serait d'une ridicule superfluité que de raisonner : 1° avec les quelques hommes, qui ne cherchent dans l'introduction des railways qu'une occasion de lucre personnel, sans se préoccuper des intérêts matériels de la société ; 2° avec toutes autres personnes, plus honorables, non moins dangereuses, qui entendent profiter d'une occasion heureuse pour faire, avec ou sans droit, mais sans qu'on se révolte, main basse sur un grand monopole propre à former un puissant moyen de *fiscalité* et de *domination gouvernementale*.

Cela posé, j'aborde la question.

L'esprit de la vraie *mise en œuvre* des railways est tout entier écrit dans un vieux précepte de bon sens que je formulerais ainsi :

Dans la vie publique, comme dans la vie privée, toutes les fois qu'on a à faire une chose de quelqu'importance, on doit se proposer LE BIEN comme BUT, et si on ne peut l'atteindre, on doit L'APPROCHER le plus possible.

En application de ce précepte d'évidente raison, voici le problème qui se présente :

Pour trouver la meilleure mise en œuvre des railways, déterminer :

1° Quel serait *le bien absolu*, abstraction faite de toutes les difficultés pratiques ?

2° Quel est le procédé *d'élection*, c'est-à-dire, qui *s'éloigne le moins* du bien absolu ?

3° Quel est enfin celui des procédés présentés, qui réunit le mieux les conditions du procédé d'élection ?

Or, voici de suite mon opinion

SUR LA PREMIÈRE QUESTION.

Je ne crois pas que, sans faillir au bon sens, on puisse contester la solution suivante :

Le bien absolu serait de livrer la libre circulation des railways à l'industrie générale, et de ne pas soustraire la population, le travail, la production à leur vraie sauvegarde.... *la concurrence du transport.*

SUR LA DEUXIÈME QUESTION.

Je refuse également de pouvoir, sans faillir au bon sens, nier que :

L'élément de bien étant.... *la concurrence du transport*, le procédé *d'élection* sera celui qui, *à égales conditions de praticabilité*, contiendra le plus....*l'élément de bien*, c'est-à-dire, qui permettra le mieux, ou détruira le moins *la concurrence du transport.*

SUR LA TROISIÈME QUESTION.

Je comprends parfaitement une divergence d'opinion.

L'appréciation *de la praticabilité* d'un procédé, celle de la suffisance ou de l'insuffisance de *la concurrence* qu'il permet.... se font autant par voie de sentiment que par voie logique, et, je le sens bien, des hommes également honorables, également sensés, peuvent voir de diverses manières sur ce point.

Mais ce que je comprends moins bien', c'est, qu'au lieu de passer avant toutes les questions soulevées par la création des chemins de fer, au lieu d'être la première question soumise à la méditation des esprits, ce soit justement celle qui se trouve négligée complètement. Et ce que je ne comprendrais pas plus que la négation des vérités mathématiques qui précèdent, ce serait :

Qu'un homme raisonnable et juste (soit parce que je n'aurais pas trouvé la bonne combinaison, soit parce que dans la mesure de sa propre intelligence, il la jugerait introuvable) pût nier :

Qu'il est d'intérêt public de soumettre à une commission spéciale l'examen de la question de savoir :

S'il est possible d'introduire *la concurrence du transport* dans la circulation spéciale des chemins de fer.

Enfin, ce qui me ferait pour toujours douter de la lumière, douter de ma propre existence :

C'est qu'une commission d'hommes compétents, qui aura voulu se donner la peine d'y réfléchir mûrement, d'entendre, autant que besoin sera, les raisons qu'on lui produira pour ou contre, d'examiner par soi-même le mouvement matériel du service d'un railway, puisse ne pas prononcer dans le sens de ce qui suit :

I. Pour se servir en toute sécurité des railways, il n'est pas nécessaire *de les confisquer* et de jeter la population, le travail, la production dans *les abîmes inconnus* du monopole général des transports.

II. Il est facile, sans sortir du cercle des exigences d'ordre, de régularité, de sécurité inhérentes à cette circulation spéciale, d'introduire dans le service d'un railway *la concurrence du transport*, bien que dans des proportions plus ou moins grandes, *mais toujours notables et protectrices*.

III. Dans l'espèce, prenant les choses au point ou les met la loi du 11 juin 1842, on peut arriver plus ou moins complètement à ce second résultat, suivant qu'on opère dans l'une ou l'autre des deux hypothèses qui se peuvent présenter, à savoir :

1ère *Hypothèse*. L'Etat persiste à ne vouloir fournir que *la voie*, et à vouloir faire un objet d'entreprise privée, de concession ou d'adjudication : 1° de la pose des rails ; 2° de l'entretien de la voie ; 3° des fourniture et direction du service matériel. Dans ce cas il suffit de combiner les conditions du marché à intervenir, non plus en vue *d'une exploitation de monopole des transports*, mais au point de vue de *l'entreprise d'un service public* qui allierait la triple opération, 1° de preter le capital nécessaire à la pose des rails ; 2° de jouir du droit commun d'exploiter le transport ; 3° de remorquer tout service de transport qu'il plaira à chacun d'entreprendre.

2ème *Hypothèse*. L'Etat, obéissant à la voix de l'intérêt public, emprunte et achève les railways.

Dans ce second cas, beaucoup plus favorable que le premier, il y a un assez grand nombre de combinaisons réalisables dans l'esprit des deux principaux partis qui suivent :

I. Alliance du monopole de la partie (1) du transport qui engage le moins l'indépendance. commerciale, avec la liberté de celle qui domine d'une manière profonde et dangereuse l'industrie en générale. Mettre, par exemple, en adjudication, à des conditions déterminées, une entreprise de service public qui contiendrait la double opération: 1° d'exploiter le monopole de l'omnibus; 2° de remorquer tous services de diligence et de transport de marchandises qu'il sera de droit commun d'entreprendre.

II. Laisser tout le transport dans le domaine public, et mettre purement et simplement en adjudication l'entreprise générale ou partielle *du service public de remorquage*, des services de transport de tout genre que chacun aura la liberté d'entreprendre, par voie de fer comme par voie de terre et d'eau.

Si la liberté ne se peut poser sans danger *sur le rail*, elle peut se placer en toute sécurité *sur la plate-forme*; on se borne ainsi à élever d'un mètre *la voie publique*, mais on ne la confisque pas; on ne crée pas, au milieu de la population, vingt existences d'une puissance anormale, vingt compagnies anonymes monopolisant les transports de la France, vingt bastions industriels qui dominent le champ du travail, et domineront peut-être le gouvernement du pays. (2)

---

(1) Les transports qui s'effectuent par railways sont, comme sur les grandes routes, parfaitement distincts les uns des autres. On y trouve : 1° le service dit Omnibus, qui dessert les villes et villages traversés par le railway (c'est le transport des voyageurs qui, arrivés à la station, n'ont pas besoin de prendre place dans une diligence par voie de terre pour se rendre à leur destination); 2° le service de diligences, qui transite plus ou moins loin sur le railway, et après l'avoir quitté gagne sa destination par voie de terre ; 3° le service de roulage ou de transport des marchandises.

(2) J'aurais pu formuler les conditions de chacun des contrats à intervenir dans les trois combinaisons que j'ai signalées, et qui m'apparaissent comme autant de moyens d'introduire plus ou moins complètement *la concurrence du transport* dans la circulation des chemins de fer.

Je l'aurais d'autant moins craint, qu'à mon sens cette organisation ne présente aucune difficulté sérieuse.

J'ai cru devoir m'en abstenir par la raison toute simple, que si mon but, la conservation de la concurrence dans le transport, ne paraît pas intéressant aux hommes éminents de qui la décision relève, il est plus qu'inutile d'en combiner à l'avance la formule; tandis qu'au contraire si la question se pose, elle sera résolue en quelques heures; on n'aura, certes, pas besoin de ce que je pourrais dire pour combiner vite et de plusieurs manières l'introduction de la concurrence sur les chemins de fer. Le tout est qu'on le juge, comme moi, vital pour le pays.

QUELQUES RAISONS A L'APPUI DE MES PROPOSITIONS.

Pour justifier ce que je viens de dire, et surtout bien caractériser (ce qui est fort important) le véritable obstacle à l'application *du bien absolu* dans la mise en œuvre des railways, je prend mon point d'appui sur les principes qui suivent :

I. Le transport domine la production; il la classe, la sert ou l'entrave.

II. La domination du transport ne peut être *refrénée* que par sa liberté, *la concurrence*.

C'est en définitive sous la sauvegarde de la concurrence du transport, que s'est développée la prospérité matérielle de la France, et il est au moins probable, que c'est l'égide sous laquelle cette prospérité a grandi, qui peut le mieux en protéger la durée.

III. La voie publique est à tous, l'usage en appartient à chacun, libre, sans péage, sans autres entraves que celles d'une police pour la sécurité de la circulation et la conservation de la voie.

IV. La construction et l'entretien des choses publiques incombent au trésor de l'Etat, à l'impôt, quelle que soit la proportion dans laquelle chacun en use.

Sans préjudice, bien entendu, du droit qui appartient toujours à l'Etat de frapper de contribution tout ce qui lui paraît devoir et pouvoir l'être, de faire même du produit de la contribution telle application qu'il juge utile, mais toujours par la voie régulière de l'impôt préalable, de la perception et de la dépense publiques.

Ces principes posés, je raisonne ainsi sur la question des chemins de fer :

Le progrès apporte aux hommes *un nouveau système de chemins* qui réduit les frais de transport, et permet de tripler la plus grande vitesse connue; les pouvoirs de l'Etat doivent s'empresser d'en munir le pays. Ils doivent en opérer la distribution au mieux des besoins et demander à l'impôt : soit par voie des contributions établies, de contribution nouvelle, soit par voie d'emprunt, mais toujours à l'impôt, les fonds nécessaires à cette grande création.

Les chemins de fer une fois construits, il n'y a pas (en droit social, en raison) deux manières d'en disposer; il n'est pas plus permis aux pouvoirs de l'Etat d'en retenir, affermer ou vendre l'usage, qu'il ne leur est permis de retenir, affermer ou vendre l'usage d'une autre voie publique, d'une grande route ou d'un fleuve. Il fant qu'il les livrent au public, à la population, au travail matériel du pays.

Mais cette voie est *d'une nature spéciale*, et ne se peut livrer purement et simplement à la circulation, comme le serait une route de terre.

Cela change *les dispositions de police*, au double point de vue de la sécurité et de la conservation de la voie ; cela ne change point les principes.

Qu'on veuille bien supposer pour un moment qu'un railway est une chaussée de fer de 3 ou 4 mètres de large, sans pente ni circuit sensibles, et que la locomotion s'y doive faire au moyen de voitures tirées par des chevaux, et qu'on me dise s'il serait venu à la pensée de quelqu'un de la confisquer, pour en retenir, affermer, ou vendre l'usage ? pas le moins du monde. L'autorité l'eut solennellement inaugurée, comme a dû l'être la première grande ligne pavée, et elle l'eut livrée à la circulation. Je ne crois pas que cela puisse faire doute pour quelqu'un.

Mais un railway n'est pas une chaussée, cela est entendu ; nous allons voir quelle en est la différence, et ce qu'elle exige. Qu'il soit toujours établi, que si un railway était une chaussée, l'intérêt public et le devoir de l'Etat se réuniraient pour en ordonner la livraison à la circulation publique, ce qui équivaut à dire : que dans la mise en œuvre des railways, tel serait *le bien absolu*, abstraction faite des obstacles pratiques. Ainsi c'est uniquement parce qu'un railway ne ressemble pas à une chaussée, qu'on en fait un objet de monopole, qu'on ne craint pas de bouleverser (1) toute l'économie des intérêts

---

(1) Je devrais dire détruire la prospérité d'un pays ; car sans avoir le moins du monde la prétention de lire dans les secrets de l'avenir, je me guide sur une reflexion bien simple :

Les principes qui, après avoir traversé les siècles, sont restés debout, ne peuvent pas être des arrangements de convention qu'on puisse impunément toucher. Sans qu'on s'en rende bien compte, ils n'expriment le plus souvent rien moins que *la nécessité des choses*. Si la voie publique est restée libre. . . . il ne me semble pas que cela puisse provenir de ce qu'il n'a passé par la tête de personne de s'en emparer et d'*en exploiter l'usage*. Ce moyen de domination et de fiscalité est trop simple pour que personne ne s'en soit avisé. Il faut plutôt ou qu'il ait été si stérilisant, lorsqu'il a été appliqué (s'il l'a jamais été, ce que j'ignore), ou que le dessein de le mettre à exécution ait toujours fait naître de telles appréhensions, que le courage de passer outre ait failli à l'intention.

matériels d'un pays. Il me semble, cependant, qu'il serait tout aussi logique d'en conclure purement et simplement, qu'on ne peut pas circuler sur un railway comme sur une chaussée, et qu'il faut prescrire *des mesures toutes spéciales* pour cette circulation *toute spéciale*. Enfin qu'à défaut d'y pouvoir introduire la liberté absolue, il faut y introduire la liberté relative.

Mais sauter d'un seul bond à la confiscation, n'est-ce pas aller de l'extrême à l'extrême. Je ne] m'oppose pas à ce qu'on admire, ce que je n'ai jamais su faire, Alexandre tranchant à coup de sabre un nœud qu'il ne sait pas dénouer ; mais je ne crois pas que la raison ait encore mis ce procédé en honneur dans la gestion des intérêts d'un grand pays.

Oui, il y a d'evidents obstacles à ce qu'on puisse circuler sur un railway comme on le ferait sur une route ordinaire ; mais au fonds, quel est donc celui qui s'oppose à ce qu'on en laisse l'abord ouvert à l'industrie libre du transport ?

Le trouve-t-on dans la spécialité du moteur et du matériel ?... ce serait peu raisonnable. On ne peut pas circuler sur un bassin, sur un fleuve, sans un matériel special, et cela n'empêche pas de les laisser dans le domaine public de l'industrie. Il n'est pas nécessaire que chaque voyageur dispose d'un remorqueur pour que la circulation sur un chemin de fer soit parfaitement libre. La liberté la plus absolue y régnera dès que plusieurs entreprises de transport pourront s'y établir et se disputer concurremment *l'honneur de la confiance du public ;* car il faut bien le reconnaître, c'est là le langage des services de transport montés sous le régime de la concurrence, et qu'on ne retrouve guères sous le régime des compagnies concessionnaires.

L'obstacle n'est pas là. . . . Où est-il donc ? Est-il dans les travaux d'entretien de la voie ? Mais quelque resolution qu'on prenne à cet égard, qu'on le laise à la charge de l'impôt, qu'on le fasse peser sur l'usage même du railway, cet obstacle ne serait pas même une difficulté de dixième ordre. L'usage peut être imposé dans les mains de deux, de trois compagnies ou entrepreneurs libres, comme il l'est dans les mains d'une seule compagnie.

Est-il dans l'exiguité des gares, des ateliers, etc. ? Cette difficulté est sans valeur. Quand on franchit dix lieues à l'heure, on a le champ ouvert pour disposer cent fois plus d'ateliers qu'il n'en faudrait à deux compagnies exploitant concurremment un railway. Quand la gare d'embarquement, terrain neutre, serait bien éloignée des ateliers, et que chaque entreprise viendrait ranger son convoi en depart, à son heure, à son tour, comme se rangent au quai d'embarquement, aux heures et places que leur assigne M. le Préfét de police, les bateux à vapeur qui partent de Paris. Où donc serait l'inconvénient ?

Non, ce n'est pas encore là que se peut trouver l'obstacle. Qu'on le remarque bien : Je ne conclue pas pour *la liberté du rail*, je conclue pour *la liberté de la plateforme*. Je pourrais donc me dispenser de chercher aussi rigoureusement la véritable difficulté de la libre circulation sur le railway même. Je m'y attache, cependant, parce qu'il est nécessaire que chacun la voie bien, telle quelle est, placée où elle est, et ne se la represente ni moindre ni plus sérieuse qu'elle n'est réellement.

Il faut enfin le dire : le seul obstacle qui se puisse élever contre la liberté du railway, ce sont *les dangers* que ferait courir aux hommes et aux choses transportés les conflits matériels, qui naîtraient inévitablement entre plusieurs entreprises rivales circulant sur une même ligne.

Cette difficulté est grave, il y faut parer de toute nécessité.

Mais de quelque incommensurable importance qu'elle soit, avec quelque éloquence qu'on se plaise à la présenter en épouvantail, on n'en fera jamais qu'une haute question de police, une grande considération de sécurité publique.

Or je pourrais dire que la catastrophe de Versailles (rive gauche) prouve qu'on n'est déjà pas tant en sécurité sous le régime du monopole, et qu'en confisquant les railways de peur que la population ne s'y blesse, c'est montrer beaucoup trop de tendresse pour sa vie, et infiniment trop peu de respect pour ses intérêts matériels.

Qu'il y a plus d'administrateurs publics qu'on ne le croit, qui ont fait leurs preuves, et qui ne reculeraient pas devant la mission de tracer à chaque entreprise libre ses heures et sa place de service, et de l'y maintenir sévèrement : que d'ailleurs ce serait la chose la plus facile que d'instituer des capitaines conducteurs de ces nouveaux navires, et de placer ainsi la marche effective d'un convoi, la direction matérielle des locomotives, dans les mains de l'autorité représentée par son personnel de capitaines de locomotives.

Mais j'admets que la sécurité publique ne permette pas ce degré de liberté.

Qu'est-ce que cela prouve?

Qu'il ne faut pas mettre *deux locomotives* hostiles sur le même *railway*, mais il n'y a aucun danger à y mettre deux plateformes.

Qu'il faut concentrer dans une seule main et sous une seule direction *le remorquage*, mais cela n'implique pas le moins du monde la nécessité d'y concentrer *toutes les plateformes*.

Cela prouve qu'il faut instituer le *monopole d'un service public de remorquage*, mais cela ne prouve pas qu'il faille instituer le *monopole des transports*.

C'est donc à bon droit et avec toute l'autorité de la raison que l'on peut dire :

I. Dans la mise en œuvre des railways, *le bien absolu* serait de livrer la libre circulation des railways à l'industrie générale, et de ne pas soustraire la population, le travail, la production à leur vraie sauvegarde, *la concurrence du transport*.

II. Pour se servir en toute sécurité des railways, il n'est pas nécessaire *de les confisquer*, et de jeter la population, le travail, la production dans les abîmes inconnus du monopole général des transports.

III. Si la liberté ne se peut poser sans danger *sur le rail*, elle peut se placer en toute sécurité *sur la plateforme* ; on se borne ainsi à élever d'un mètre la voie publique, mais on ne la confisque pas, on ne crée pas au milieu de la population vingt existences d'une puissance anormale, vingt compagnies anonymes monopolisant les transports de la France, vingt bastions industriels qui dominent le champ du travail, et domineront peut-être le gouvernement du pays.

CONCLUSION. [1]

Ma conclusion est déjà pressentie. — Elle se résume en un vœu.

En premier lieu, — la loi de 1842 a assigné à l'Etat *la fourniture de la voie* — L'Etat, on n'en peut douter, trouvera (aux conditions les plus douces) à emprunter les fonds nécessaires *à la pose des rails :* on a donc le droit de le dire : LA CONSTRUCTION DES RAILWAYS EST POURVUE. C'est une question tranchée. — D'où il suit que la Chambre est libre de ne pas sacrifier la question d'emploi, LA MISE en ŒUVRE, des railways à une considération de construction.

En second lieu, — quelqu'impatience qu'on ait, avec toute raison je le reconnais, de livrer à chaque grande direction le railway qu'elle attend, — on ne peut cependant pas nier qu'il faut préalablement *établir les voies*, et qu'en concédant à l'heure même *l'exploitation* des lignes nouvelles, on ne rapprocherait pas d'un jour, d'une heure, l'achèvement de ces mêmes voies. Il faut toujours, après comme avant la concession, que l'Etat les établisse — d'où il suit, qu'à l'exception de la ligne du Nord qui appelle une décision immédiate, ce n'est pas la *concession* des lignes, mais l'*accélération* des travaux qui constitue l'indication imminente.

Or, voici mon vœu :

Puissent les hommes appélés à fixer *le mode* suivant lequel les chemins de fer de la France seront ouverts à la circulation... ne le choisir qu'*en raison des convenances du travail général et des intérêts matériels du pays.*

Puissent-ils se déterminer :

1. A ouvrir au gouvernement, *avec injonction d'emploi immédiat,* les crédits nécessaires, 1° Pour *entreprendre et activer simultanément sur toutes les directions du réseau voté, les travaux de construction de la voie ;* 2° pour *fournir* (provisoirement, et pour le compte définitif de qui il appartiendra) *les rails du chemin du Nord :*

II. A provoquer, après cela, la nomination *d'une commission spéciale* chargée d'examiner à fonds la double question de savoir — s'il est ou n'est pas vital pour le pays *que le travail reste sous la sauvegarde de la concurrence du transport* — s'il est ou n'est pas possible *d'introduire, en toute sécurité, la concurrence du transport dans la circulation spéciale des railways.*

---

(1) Parvenu à ce point de mon travail, je n'ose me reposer dans l'espoir que les expressions n'auront pas trop failli à mes convictions, et que les esprits élevés voudront bien y suppléer pour apprécier le fonds, la pensée.

Quant à ceux qui jouent avec l'institution du monopole général des transports d'un pays de liberté politique et commerciale, comme on le pourrait faire du monopole d'un bac ou d'un pont....je n'ai pas l'espoir d'en être entendu.

APPENDICE.

FERMAGE.—LOUAGE DE PLATE-FORMES A FORFAIT.

I. *Principales Bases d'un Fermage.*

1° Imposer d'abord à la Compagnie fermière l'obligation de se constituer, sous la forme de société, *en nom collectif;* et à ses administrateurs, *l'interdiction formelle, absolue, de s'intéresser*, pendant toute la durée du bail, dans aucune autre entreprise de quelque genre qu'elle soit.

L'intérêt public et l'intérêt même des actionnaires le prescrivent.

On aura beau refréner par un cahier de charges l'action des compagnies; si la personne des administrateurs n'est pas engagée on manquera complètement son but. D'ailleurs, quoique le monopole de la voie publique soit une exploitation privée, les conditions auxquelles il est conféré, la mission elle-même, le pouvoir dont on les saisit, laissent à ceux qui l'exercent un caractère qui participe de celui du fonctionnaire public.

Or, un fonctionnaire public doit être connu; il ne peut être anonyme; il ne doit pas avoir des intérêts particuliers qui le portent à abuser du pouvoir que l'Etat lui confère.

2° Le bail ne doit pas être fait pour une durée de plus de six ans, ce qui implique l'insertion au cahier des charges d'une clause, qui, à la fin du bail, rende obligatoire pour le fermier suivant la reprise du matériel d'exploitation, exactement comme cela a lieu pour la fourniture des lits militaires, l'entretien des malles-postes, etc.

3° Le tarif du transport des marchandises doit être invariable, pas de hausse, pas de baisse, pendant la durée du bail, — de la fixité.

4° Ce n'est pas sur le prix de ferme (le loyer à payer) que doit porter l'adjudication, c'est sur le tarif.

5° La classification des marchandises doit être éliminée du cahier des charges.

J'ai vainement demandé jusqu'à présent la raison pour laquelle on classait la marchandise. Pourquoi faire varier le prix du transport en raison de la nature de la marchandise que, du reste, on ne connaît jamais toutes les fois qu'on sort du cercle des matières premières et gros objets visibles? On comprend une classification de marchandises par valeur, lorsqu'il s'agit de procéder au contrat d'assurance, soit pour risques maritimes, soit pour risques d'incendie. Après le sinistre, il faut rétablir pécuniairement la chose détruite ; la prime doit donc s'élever avec la valeur de la chose assurée.

Mais dans le contrat de transport (abstraction faite de l'assurance fort peu importante), la qualité n'a plus assez d'influence pour motiver une différence de prix.

Les deux seules choses qui doivent être prises en considération, pour dresser un tarif, c'est le poids et le *délai*.

En matière de transport, le délai a une grande valeur sous deux rapports.

D'abord le délai représente la vitesse. La vitesse coûte, donc il faut la faire payer. Ensuite l'obligation de rendre à destination est toujours sous la sanction d'une pénalité (la retenue du tiers du prix de voiture) ; le risque est donc en raison inverse du délai ; donc de ce chef encore le délai a de la valeur.

Sous le second rapport, en annulant le délai (1), on onère la grosse marchandise au profit justement de celle qui peut payer.

La grosse marchandise n'est pas pressée... elle a toujours payé *avec du délai*... La marchandise manufacturée est pressée... elle peut payer. Elle prend le moyen le plus expéditif, et c'est avec ces deux prix de voiture que se forme *un rendement moyen*, qui permet aux entrepreneurs de transport, 1° de ne taxer les matières, qui ne peuvent pas supporter un haut prix de voiture, qu'à un tarif spécial, *inférieur au prix de revient ;* 2° de contracter envers l'expéditeur de la marchandise pressée, l'*obligation de rendre à délai déterminé*, sous la sanction d'une pénalité.

Sous le régime de la classification, on ne réduit pas sensiblement le tarif de la masse des transports qui en avait besoin, et on avilit tout-à-fait celui des expéditions pressées, ce qui est inutile. Avant l'avénement du chemin de fer de Rouen, les objets de basse valeur payaient (pour le Havre *ordinaire*, 8 jours) 3 fr. 50 cent. par cent kilog.

---

(1) En matière de transport, délai de 4 lieues à l'heure, ou délai de 8 lieues à l'heure, c'est *unum et idem*.

La marchandise pressée (qui se compose des soieries, des articles de la fabrique de Paris et autres objets, qui valent souvent 10, 15 et 20,000 fr. sous un poids inférieur à 100 kil.), payait (en délai dit *messagerie, fourgon, accéléré*, 2 jours et 3 jours) de 20 fr. à 9 fr. par cent kilogr.

Or, la première de ces deux catégories paie encore 3 fr. 50 cent. par cent. kilogr., pour se rendre au Hâvre.

La seconde y va au prix de 6 et 7 fr. Ainsi le transport, dont il eut été d'intérêt public d'abaisser le tarif, n'a à peu près rien gagné ; celui pour qui le transport est sans valeur voyage pour rien.

L'échelle des prix doit s'élever sur *le poids* et *le délai* (le délai compté par jours).

6° Le fermier doit être tenu de donner des wagons et plate-forme à louage et à forfait.

II. *Louage de Plate-formes à Forfait.*

La location à forfait de wagons et plate-formes est peut-être la seule combinaison avec laquelle on puisse, dans l'intérêt: 1° de l'industrie générale, 2° de l'industrie spéciale du roulage, 3° des compagnies elles-mêmes concessionnaires ou fermières, atténuer un peu les dangers du monople ; et j'avoue qu'il est fâcheux qu'on ne veuille pas se donner la peine de l'étudier, et qu'on la repousse seulement parce qu'elle est mal comprise.

1° Au point de vue de l'industrie générale ;

C'est le moyen de soustraire l'expéditeur au contact exclusif des compagnies. Le commerce de transport exige une foule de dispositions volontaires, de règles spéciales, de transactions amiables, qui sont indispensables. Or, les compagnies *n'entendent* pas subir le joug de ces pratiques, de ces usages ; pas de récépissé, pas de sanction pénale, pas d'enlèvement, de livraison à des heures déterminées, etc., etc., etc.

Dans le régime de la liberté du transport, tous ces arrangements se font, parce qu'il y a le frein de la concurrence... les lois de *la clientelle à conserver*.

Le transporteur s'accommode des exigences souvent injustes de ses clients... pour ne pas perdre ses relations.

L'expéditeur (parce qu'il est libre d'y mettre fin) tolère bien des choses, contre lesquelles il se révolterait s'il était forcé de les subir.

Sans ce sentiment réciproque, il n'y a presque pas d'affaires possibles, on serait en permanence devant les tribunaux.

Au moyen de la location de plateformes, les entrepreneurs desservent la ligne aussi bien que la compagnie. Le public expéditeur peut donc prendre tel ou tel commissionnaire, comme cela avait lieu avant le chemin de fer; c'est donc un moyen de ne pas tout-à-fait détruire la concurrence, la clientelle, et l'accommodement amiables qu'elles créent dans les relations.

En second lieu.—Le commissionnaire, muni d'un moyen sûr d'expédier, peut garantir *le délai*, ce dont a besoin l'expéditeur, et ce que refuse de faire la compagnie.

Qu'on juge de la position d'un commerçant qui prend envers l'un *l'obligation écrite* de faire, et à qui l'autre, la compagnie, refuse toute garantie, et se borne à dire *nous avons arrêté* que nous ne donnerions pas de délai.

Oui, au point de vue de l'intérêt du public, cette combinaison est le seul tempérament possible du monopole, et le seul moyen de conserver un vestige de concurrence utile.

2° Au point de vue de l'industrie spéciale du roulage,

Ce n'est certainement pas pour elle une planche de salut, mais c'est au moins un expédient qui lui permettra de continuer jusqu'à extinction l'exploitation de ses services accélérés, et la soustraira à l'égorgement qu'en peuvent faire à volonté les compagnies, en mettant *en retard* les expéditions qu'elle leur confierait.

3° Au point de vue des compagnies elles-mêmes,

Cette combinaison est, à mes yeux, tellement dans leur intérêt, que si j'étais propriétaire d'un chemin de fer, je ne voudrais pas effectuer autrement le transport.

L'administration de chemin de fer qui se placera dans ce système d'exploitation, simplifiera son travail de tout ce qui est embarrassant, compromettant et improductif. Elle y trouvera le vrai, le seul moyen, d'avoir des services réguliers, avec un aliment *constant*, car les wagons loués à forfait paient le prix de conduite, *avec ou sans marchandise*.

En chemin de fer, comme en navigation, comme en services par terre, l'aménagement du transport a ses règles. Il n'est pas avantageux de prendre la marchandise quand elle vient; il faut tâcher de la faire venir *régulièrement*, de manière à éviter aujourd'hui *l'engor-gement*, demain *le manquant*, et à former au contraire *l'aliment constant* d'un service ; or, rien ne mettra mieux une compagnie dans ces conditions que le système des wagons et plate-formes loués à forfait. Ce sont les commissionnaires, sans que la compagnie s'en occupe, qui prendront le soin d'alimenter régulièrement le service du chemin de fer.

Tout cela ne se peut pas motiver complètement ici, mais avec le temps nécessaire je ne craindrais pas de m'engager à convaincre qui que ce soit, de cette vérité.

La combinaison de louage à forfait satisfait le triple intérêt, du public, du commissionnaire de roulage, et de la compagnie.

On lui oppose cinq objections, qui toutes prouvent fort malheureusement ce que j'ai déjà dit, à savoir : que cette matière est peu connue à ceux qui ont la mission de statuer.

1ère *Objection.*

Ce moyen au fonds enchérit le transport, en y ajoutant *un poids mort*, celui du véhicule (cadre ou charette), qui se place sur la plate-forme.

La réponse est facile : c'est tout simplement un faux calcul.

D'abord une plate-forme pèse moins qu'un wagon, ce qui réduit déjà un peu la perte.

Puis, le compte comparatif des frais des deux modes d'expédier, ne doit ni commencer ni finir où on le fait commencer et finir.

Voici la manutention à faire pour expédier un chargement pour Bordeaux, par exemple, par le chemin de fer d'Orléans, au moyen de la *remise pure et simple au chemin de fer*. Il faut : 1° mettre les colis un à un sur camion ; 2° conduire le camion à la gare ; 3° déposer les colis un à un ; 4° les charger de même sur wagon ; 5° remorquer le wagon à Orléans ; 6° décharger le wagon colis par colis ; 7° charger sur camion de même ; 8° conduire le camion chez le commissionnaire consignataire ; 9° décharger le camion ; 10° charger les colis sur charrette ; 11° atteler et expédier la charrette.

Maintenant voici la manutention de l'expédition du chargement par *charrette sur plate-forme* : 1° faire de suite le chargement de la charrette, conditionnée pour le trajet de Paris à Bordeaux ; 2° conduire la charette à la Gare ; 3° enlever d'un seul bloc le chartil (le plancher de la voiture sans roue ni essieu) avec une grue, et la déposer sur la plateforme ; 4° remorquer à Orléans ; 5° enlever le chartil de la charrette avec une grue, et le poser d'un bloc, sur l'essieu et les roues qui l'y attendent ; 6° atteler et marcher sur Bordeaux.

Dans ce dernier système, la marchandise n'est pas même touchée, tandis que dans le premier elle est remaniée en détail, dix fois.... et l'on objecte l'enchérissement du transport : il y a cent pour cent d'économie.

2ème *Objection.*

Les commissionnaires de roulage, faisant ainsi concurrence au chemin de fer, pourront lui détourner le transport des articles de messagerie.

Cette objection n'est pas sérieuse. Au fonds elle est sans importance, ensuite elle est sans réalité.

Qu'est-ce qui empêche un commissionnaire de roulage d'expédier de la messagerie, par *simple remise* au convoi de petite vitesse du soir ? Que ces articles soient remis purement et simplement au chemin de fer, ou qu'ils partent sur charrette placée elle-même sur plate-forme, est-ce qu'ils ne partent pas à la même heure, par le même convoi, et n'arrivent pas en même temps ? Ce n'est pas là une objection.

Ensuite, il me semble incroyable que le simple travailleur, dépossédé violemment de son industrie, ne soit pas même aussi intéressant que le monopoleur. Comment, pour ne pas réduire un peu la part des compagnies, les déranger, on refuserait une combinaison qui pût atténuer la perte dont le frappe la dépossession de son industrie, et satisfaire l'intérêt public ? C'est triste à entendre.

3ème *Objection.*

Puisque cela est utile, même aux compagnies, il n'est pas nécessaire de leur en faire une obligation. Elles sauront l'adopter.

C'est ce que nous disait, il y a deux ans, M. le Ministre des travaux publics, auquel nous développions ces idées. Nous lui répondions, mais les gens n'ont pas toujours l'intelligence de leur intérêt. L'industrie du roulage ne peut pas rester suspendue à ce fil de probabilité...

Or voyons ce qui est arrivé ;

La chose est aussi vraie et n'est pas plus vraie pour l'une que pour l'autre, et cependant la compagnie d'Orléans a admis le système de location des plateformes, tandis que celle de Rouen l'a repoussé.

L'une des deux a bien ou mal fait. Je crois qu'on oppose à ce raisonnement la déclaration émanée de la compagnie d'Orléans, qu'elle ne renouvellera pas le marché ; il me faudrait douter de sa sincérité et de son intelligence pour ajouter foi à cette déclaration, car je l'ai entendue souvent, par l'organe de ses directeurs, s'applaudir de cette combinaison, et j'en connais parfaitement les avantages.

On ne peut donc pas, si la mesure est bonne, en subordonner l'adoption au bon vouloir des compagnies, surtout quand on réfléchit, qu'il y aura diverses lignes coupées à ce point, qu'il faudra passer sur les états de trois ou quatre compagnies, pour effectuer un long trajet. Qu'on juge de la position des entrepreneurs qui desserviraient une ligne, sur les deux tiers ou trois quarts seulement de laquelle la circulation sur plate-forme serait admise.

4ᵉᵐᵉ *Objection.*

Cette combinaison a pour effet de maintenir *l'entremise du commissionnaire de roulage*, qui à son point de vue est intéressante, tandis qu'au point de vue de l'intérêt public, du commerce, elle est inutile. Sa suppression profiterait en somme au consommateur, comme toutes les simplifications de rouage mécanique.

Je ne crois pas qu'on puisse me reprocher de tourner l'objection ; je réponds : si cette objection avait l'ombre de fondement, elle trancherait à mes yeux la question. Car je suis du très-petit nombre de ceux qui disent : tout intérêt s'efface devant l'intérêt public.

Mais c'est encore un raisonnement né de l'ignorance de la matière, et je dis ignorance, sans entendre offenser personne. Les hommes qui se trouvent appelés, par le jeu des choses humaines, à statuer, n'ont d'ailleurs, j'en suis sûr, aucune prétention à cet égard, et ne demandent pas mieux que d'être édifiés.

Qu'est-ce que c'est qu'un commissionnaire de roulage ?

Quel rôle joue-t-il dans la production du transport ?

Si c'est un courtier qui se borne à donner à l'expéditeur le nom et l'adresse d'un voiturier, si c'est une superfétation, un rouage parasite de la mécanique du transport, il faut le supprimer le plus tôt possible. Mais si c'est un ouvrier, dans les mains duquel le transport passe aussi utilement que l'épingle passe dans les mains de l'ouvrier qui fait la tête, dans les mains de celui qui affine la pointe, il ne faut pas penser à le supprimer. Tout au plus pourra-t-on lui retirer son travail pour le donner à un autre. Ce ne serait pas là une *simplification* de mécanisme, une suppression d'entremise, ce serait une confiscation de plus.

Or, la question va se juger seule. Il suffit de decrire la fonction du commissionnaire de roulage dans l'œuvre de l'expédition.

Quand un expéditeur ou un receptionnaire envoie ou attend un colis, il faut que quelqu'un *enlève* et *livre*.

Si cela n'est pas fait par le commissionnaire, il faudra que cela le soit par le chemin de fer.

Le colis a une destination X..., il faut l'y expedier, et pour cela, 1° faire prix avec l'envoyeur *jusqu'à destination* ; 2° former un contrat, faire une lettre de voiture ; 3° enregistrer ; 4° emmagasiner pour, *avec d'autres colis* enlevés chez d'autres expéditeurs et ayant la même déstination, former *un chargement complet* (on comprend en effet qu'il ne serait pas possible d'expédier à de longues distances et à dés prix raisonnables des colis détachés) ; il faut faire la *cueillette*, 5° *consigner*, c'est-à-dire, envoyer à un *correspondant* les bordereaux du chargement, afin qu'il en fasse le recollement, qu'il paye le voiturier, qu'il livre au destinataire, qu'il touche le prix de voiture, et régle, s'il y a lieu, le montant des avaries et retards ; 6° compter par *compte courant* avec ce correspondant des encaissements qu'il effectue et de ceux qu'on effectue pour lui ; 7° s'assurer par des services ou des associations ou des correspondances, les moyens de *réexpédier* les *consignations* que l'on reçoit, etc., etc.

Or, tout cela constitue une industrie et non pas une *entremise*. Il faut que cela s'effectue ; que celui qui en est chargé s'appelle commissionnaire de roulage, qu'il s'appelle agent des chemins de fer, qu'il s'appelle autrement, il faut que ce soit l'œuvre de quelqu'un. Celui qui la donnera au transport, *cette importante façon*, en aura nécessairement les frais à couvrir et à faire entrer dans son prix de voiture. De plus, il ne se livrera pas aux peines, soins, et risques de cette mission, il n'y consacrera pas un fort capital pour rentrer purement et simplement dans ses frais, il aura bien la prétention d'y trouver un bénéfice quelconque.

Eh bien, quoique je puisse en toute vérité le contester, j'admets que les compagnies anonymes de chemin de fer puissent, par leurs agents et sous agents, opérer aussi bien, aussi vîte, aussi économiquement que les hommes spéciaux auxquels une longue pratique peut seule révéler les secrets de l'expédition,... si ces compagnies opèrent, elles se feront payer, ce n'est donc pas la réduction d'un rouage, la suppression d'une entremise que l'on obtiendra. Ce ne sera pas une simplification de la main-d'œuvre du transport. Ce ne serait, comme je l'ai dit, qu'une nouvelle industrie ajoutée à celle que l'on livre au monopole. Il confisque l'industrie de l'entrepreneur de transport, *du voiturier;* il confisquerait de plus celle du *commissionnaire de roulage;* or, jusqu'à ce qu'on m'en fasse comprendre les raisons morales ou politiques, je me permettrai de dire que ce sera une spoliation de plus et tout-à-fait gratuite.

5ème *Objection.*

En somme, *la réduction* du prix auquel se ferait le louage, forme *une prime* qui profitera au commissionnaire de roulage, et qui sera prise soit sur la compagnie, soit sur l'expéditeur. Je réponds : ni sur l'un ni sur l'autre.

D'abord, quant au public, qui garde toujours la faculté de remettre directement à la compagnie, et que rien ne contraint à passer par le service d'un commissionnaire... je ne vois vraiment pas comment *la prime* (si prime il y a) pourrait être levée sur lui. Quant à la compagnie, voyons :

Le louage est à *forfait :*... le prix en est payé *à plein* ou *à vide :* c'est un marché *aléatoire*, c'est une entreprise dans laquelle il y a infiniment plus de chances de pertes que de chances de gain.

Je doute encore que l'entreprise du louage à forfait soit soutenable au prix de la plus basse classe. Je crois qu'il faudrait taxer la location de la plate-forme au prix de transport de la houille. Et cela par une raison bien simple et que tout homme, qui a été un peu initié soit à la messagerie soit aux transports par terre ou par eau, pressentirait sans explication. *Il faut payer un prix quotidien....* il faut donc se procurer un chargement quotidien. Or, les expéditions ont leur saison comme la production ; il est des époques où la marchandise abonde ; il en est d'autres où elle manque tout-à-fait.

On compte en général pour organiser un service sur un manquant régulier d'un dixième, d'un cinquième, quelquefois d'un tiers.

Dans l'état ordinaire de l'industrie du transport, le prix de voiture est établi en conséquence. Le prix *monte* avec l'affluence, il *s'abaisse* avec la raréfaction de la marchandise, et l'on peut ainsi obtenir *une moyenne* de rendement qui permette de couvrir des frais *quotidiens*.

Mais l'entreprise, par plate-forme, louée à forfait sous le régime du tarif qui, dans le moment de l'abondance des transports, ne *permet pas l'ascension du prix*, et dans le moment de la disette laisse le service à forfait sous le coup du *bas prix,... du manquant*. C'est en toute conviction que je le dis, je ne crois pas l'opération soutenable, si l'on taxe la location du wagon et de la plate-forme à plus haut prix que n'est tarifée la houille.

Un *tarif spécial* à la location *à forfait* n'est donc pas *une réduction de prix;* pour qu'on ait le droit de l'appeler ainsi, il faudrait non seulement que le tarif de location à forfait fût plus bas que celui du transport des marchandises, mais encore que la compagnie n'en fît payer le prix que *par chargement,...* par *voyage effectué...* et ne fît payer ni *le manquant* ni *les voyages perdus...* Ce serait vraiment là *une prime*. Si c'est ainsi qu'on veut prescrire la mesure, il est évident que le prix de location doit être à 10 ou 15 pour cent près celui du tarif des marchandises.

Mais la location restant à forfait avec son caractère aléatoire, ce n'est ni une prime, ni une charge.... c'est *une opération aléatoire;* c'est une entreprise qui a ses bonnes et mauvaises chances, et certainement, je le répète, loin d'être onéreux à la compagnie, le marché serait insoutenable au-dessus du tarif de la houille. Et je crois qu'il n'y a pas une compagnie qui obtienne, par la recette de ses transports propres, *répartie sur sa contenance remorquée*, un prix de rendement égal à celui que lui payeront les locataires de plate-formes.

TABLE DES MATIÈRES.